真木広造 著

名前がわかる
野鳥
大図鑑

野山 水辺 海 街

永岡書店

| この本の使い方……………………… 3
| 鳥の各部名称…………………………… 4
| ウォッチングのポイント…………… 5
| 野鳥の用語解説……………………… 8

野鳥大図鑑 もくじ

水辺の鳥

カイツブリ科…10　　アビ科…13　　ミズナギドリ科…15
ウミツバメ科…17　　アホウドリ科…18　　ネッタイチョウ科…20　　ウ科…20
カツオドリ科…23　　グンカンドリ科…23　　サギ科…24　　トキ科…35　　コウノトリ科…38
カモ科…39　　ツル科…64　　クイナ科…68　　レンカク科…72　　タマシギ科…72　　ミヤコドリ科…73
チドリ科…74　　シギ科…80　　セイタカシギ科…102　　ツバメチドリ科…103
カモメ科（カモメ類）…103　　トウゾクカモメ科…109　　カモメ科（アジサシ類）…110　　ウミスズメ科…114

野山の鳥

ミサゴ科…120　　タカ科…121　　ハヤブサ科…137　　キジ科…140　　ミフウズラ科…143　　ハト科…144
カッコウ科…147　　フクロウ科…150　　ヨタカ科…157　　アマツバメ科…157　　カワセミ科…159
ブッポウソウ科…162　　ヤツガシラ科…162　　キツツキ科…163　　ヤイロチョウ科…169　　ヒバリ科…169
ツバメ科…171　　セキレイ科…174　　サンショウクイ科…179　　ヒヨドリ科…179　　モズ科…181
レンジャク科…184　　カワガラス科…186　　ミソサザイ科…186　　イワヒバリ科…187
ヨシキリ科…188　　ムシクイ科…189　　センニュウ科…191　　ウグイス科…192　　キクイタダキ科…194
セッカ科…194　　ヒタキ科…195　　カササギヒタキ科…212　　エナガ科…213
ツリスガラ科…213　　シジュウカラ科…214　　ゴジュウカラ科…217
キバシリ科…217　　メジロ科…218　　ホオジロ科…219
アトリ科…226　　スズメ科…236　　コウライウグイス科…237
ムクドリ科…238　　カラス科…240

| 主な帰化鳥……………………………… 246
| 一度は訪れたい探鳥地 BEST20…… 248
| ウォッチングの道具………………… 250
| 索引（INDEX）…………………… 251

この本の使い方

掲載種
日本で一般的に見られる種類を中心に、渡来数や生息数は少ないものの比較的人気の高い種類を加えた373種と、それらの近似種や代表的な帰化鳥を含めた合計400種類を掲載。特徴的な亜種がいる種類では、その写真も見られます。それらを水辺の鳥と野山の鳥の2章に分けて紹介しています。

標準和名（漢字名）
一般的に使われるその鳥の和名で、（）内はその漢字名です。

環境アイコン
その鳥が見られる場所を、一目でわかるアイコンにしました。データの生息環境と合わせて参考にしてください。

森・林　草地　山地　街中
畑地　水田　湿地・湿原　河川
湖沼　干潟・砂浜　岩礁海岸　海上

学名
学名は、その鳥の世界共通の学術的な名前であり、ラテン語の属名＋種小名で表記されます。この本では、現在一般的に使われているものや、新しい知見に基づいたものを採用しています。

英名
その鳥の代表的な英名です。ただし、地域によって英名が違う場合もあります。

CDアイコン
その鳥の鳴き声がCDに収録されています。CDについての詳しい説明はP250にあります。

大きさ
その鳥の大きさです。Lは全長、Wは翼開長（翼の両端を結ぶ長さ）を表しています。

分布
その鳥の日本国内での主な分布です。

生息環境
その鳥が生息している環境です。環境アイコンより詳しく説明しています。

成鳥オス。人気の高い小鳥だが、見るには粘りが必要。学術記載時に学名を次ページのアカヒゲと付け間違えたのは有名な話

コマドリ（駒鳥）
英 Japanese Robin　学 Erithacus akahige

大きさ L14cm
分布 夏鳥として北海道から九州に渡来、伊豆諸島や薩南諸島で留鳥
環境 下草の多い針葉樹林、針広混交林
VU（絶滅危惧Ⅱ類）：タネコマドリ

見る オスは頭部から上胸までが飴色みのある赤橙色。背の上面は茶褐色。胸から下面は灰色で、胸黒色帯がある。メスはオスに比べて全体に色味が鈍い。

知る 日本三鳴鳥の1つで、ヒンカラララとさえずる。藪の中で活動し、あまり姿を見せない。主に昆虫を食べる。屋久島の個体群は伊豆諸島と同じ亜種タネコマドリとされるが、伊豆諸島と異なり標高の高いヤクスギ林に生息する。近年、シカの食害でササが減り、生息数が激減した例が大台ヶ原等で報告されている。

▲成鳥メス。石や倒木の陰などに営巣して繁殖する
▶亜種タネコマドリ成長オス。胸に灰黒色の帯がない

スズメ目ツグミ科

解説文
体の特徴、見分けのポイントを解説した「見る」と、生態や雑学を紹介した「知る」の2項目に分けて解説しています。

稀少度
その鳥の稀少度を★で示しています。★印三段階で、★の数が多いほど、出会うために努力や経験が必要です。

分類（目・科）
日本での一般的な鳥の分類に合わせていますが、一部で最新の知見を取り入れています。掲載順については、編集の都合上で変わっている部分もあります。

環境省版レッドデータの区分
- EX：絶滅……日本ではすでに絶滅したと考えられる種
- EW：野生絶滅……飼育下でのみ存続している種
- CR：絶滅危惧ⅠA類……ごく近い将来に絶滅の危険性が極めて高い種
- EN：絶滅危惧ⅠB類……ⅠA類ほどではないが近い将来に絶滅の危険が高い種
- VU：絶滅危惧Ⅱ類……絶滅の危険が増大している種
- NT：準絶滅危惧……現時点では絶滅危険度は小さいが、生息条件の変化によっては絶滅危惧に移行する可能性のある種
- DD：情報不足……評価するだけの情報が不足している種
- LP：絶滅のおそれのある地域個体群……地域的に孤立している個体群で、絶滅のおそれが高いもの

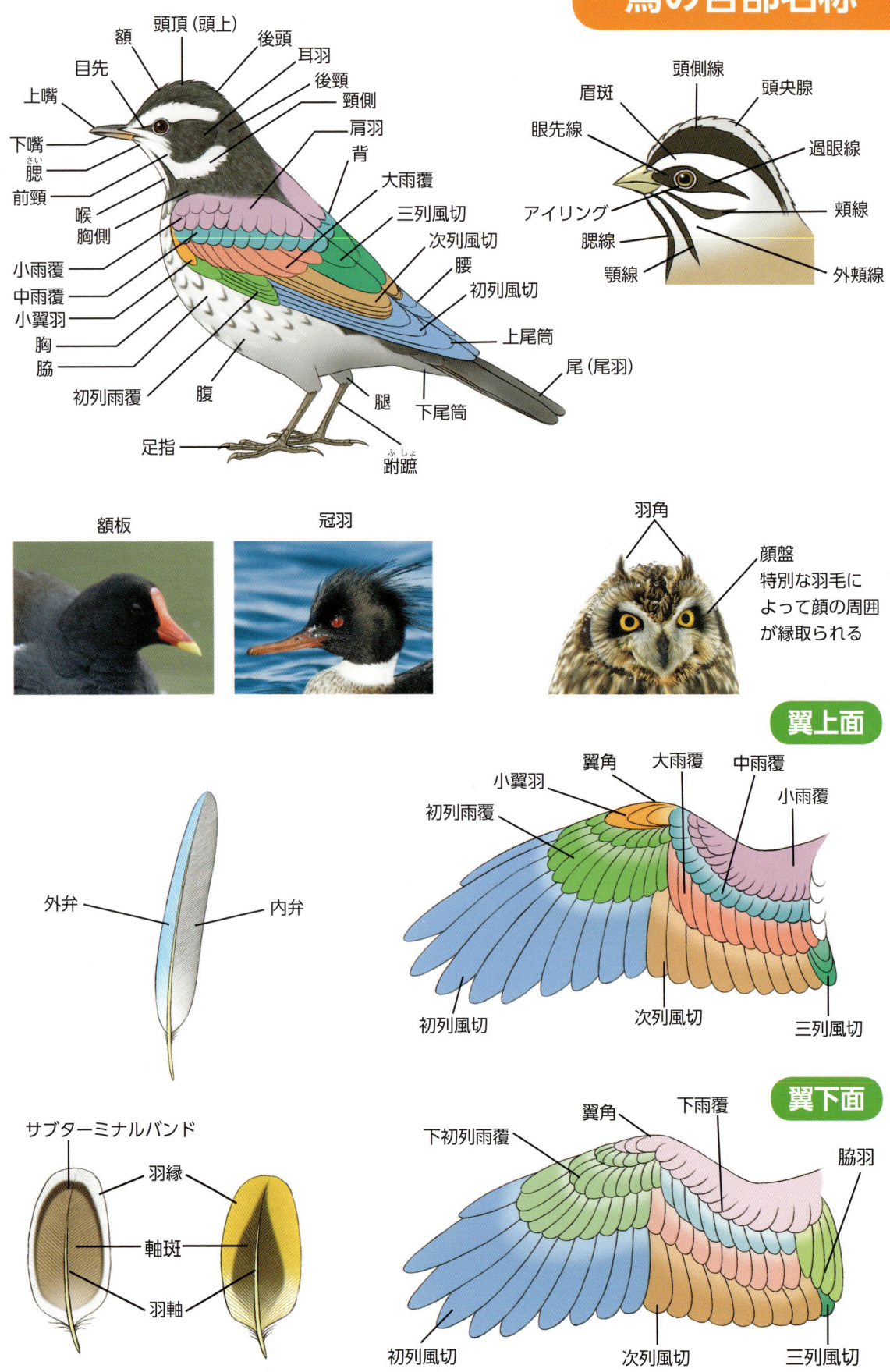

鳥の各部名称

ウォッチングのポイント

体の大きさ

鳥の体の大きさは、身近に見られる4種類の鳥の大きさを覚えておき、それを基準に判断するとよいでしょう。

- スズメ 14cm
- ハシボソガラス 50cm
- キジバト 33cm
- ムクドリ 24cm

体や翼の形

体はスマートか太っている（丸みがある）か、尾は長いか短いかなども判別のポイントです。

▲ワシタカ類は飛翔形もポイント。右はタカ科のハイタカ、左はハヤブサ科のハヤブサ。ハヤブサは翼が細く先が尖る

▶スマートな体形の代表キセキレイ（上）とポッテリと丸みのある体形のカワガラス。尾の長さも違う

体の模様

目立つ色彩や斑紋がなくても、体下面の斑紋や飛翔時に見られる模様、色彩が役立ちます。

縦斑（上）と横斑（下）　　斑紋（上）と斑点（下）　　翼帯（上）と翼鏡（下）

翼帯は翼に現れる帯状の模様。翼鏡はカモ類の次列風切の上面で、金属光沢のある部分

ウォッチングのポイント

嘴の形

嘴の形も鳥によってさまざまで、種類の判別に役立ちます。また、嘴の形はその鳥の食生活に関係しているので、生態を知るヒントにもなります。

マガンなどのカモ類は草の葉や根を引きちぎるのに便利な平たく幅広い嘴を持つ

ホウロクシギの長く湾曲した嘴は、泥に深い巣穴を掘るゴカイやカニを捕らえるのに便利。シギ類は干潟の利用の仕方で嘴の形や長さが少しずつ違っている

イカルなど種子を食べる鳥は、固い種皮を割るのに適した太くて短い嘴を持つ

コマドリなど昆虫を食べる鳥の嘴は、昆虫を摘み取るのに適した形をしている

アオゲラなどのキツツキ類は木に穴を空けるのに適した鋭い円錐形の嘴を持つ

ハイタカなどの肉食の鳥は、鋭くカギ状に曲がった嘴で獲物の肉を引きちぎる

尾の形

燕尾

角尾

凹尾

円尾

凸尾

くさび尾

尾の動かし方

モズ類は円を描くように尾を動かす

ジョウビタキは小刻みに尾を上下させる

セキレイ類は大きく上下に尾を動かす

ウォッチングのポイント

飛び方　飛び方も鳥の種類によって決まっています。また帆翔や停空飛翔など独特な飛び方をする種類もいます。

波状飛行
羽ばたきと滑空を交互に繰り返して飛ぶため、軌跡は波状になる

直線飛行
常に羽ばたきながら飛ぶため、軌跡は直線状になる

帆翔（ソアリング）

上昇気流（温められた軽い空気の塊）の中にとどまることで、羽ばたかずに長時間飛び続けることができる

ダイナミック・ソアリング

海面上を吹く風の速度差を利用し、風速の強い高い位置から風速の弱い低い位置への滑空を繰り返し、羽ばたかずに飛ぶ

停空飛翔（ホバリング）

独特な羽ばたきで、揚力だけを生み出し、一点に留まる飛び方。ただし、ほとんどの鳥では羽ばたきだけでは長時間の停空飛翔はできず、向かい風を利用しておこなう見かけの停空飛翔になる（写真はベニアジサシ）

ダイナミック・ソアリングで飛ぶオオミズナギドリ

歩き方

ホッピング

両足を揃えて小さくジャンプするように前に進む

ウォーキング

人が歩くのと同じように、足を交互に前に出して歩く

野鳥の用語解説

【種・亜種・型】……「種」は動物分類の基本単位で、他の同種の生物群から生殖的に隔離されたもの。また同一種の中で形態的、生態的にことなる個体群を品種といい、一般には「●●型」と言い表す。「亜種」とは同一種内の地理的品種である。

【成鳥】……それ以上、成長による羽色の変化が起こらない年齢の鳥。生まれた翌年に成鳥になるものから、数年間かかるものまでいる。

【幼鳥と若鳥】……生まれてから第一回目の換羽（通常は生まれた年の秋）をおこなうまでの間が幼鳥。第一回目の換羽から成鳥羽になるまで（通常その次の秋）にほぼ全身の換羽をおこなうが、種類によっては一部だけ換羽したり、羽色の変化は換羽に関係なく少しずつ換羽するものもいる。

【夏羽】……鳥が春から夏の繁殖期にもつ羽。一般に美しい羽色であることが多い。生殖羽ともいう。

【冬羽】……鳥が秋から冬の非繁殖期にもつ羽。種類によっては冬に生殖羽となるものもいるが、夏羽と冬羽の区別がほとんどないものもいる。また羽色以外の、嘴や足の色が変わることもある。非生殖羽とほぼ同義。

【飾り羽】……繁殖期に一部の鳥の頭部や顔、胸、背などに見られる装飾的な羽。

【エクリプス羽】……カモ類のオスが、繁殖後からつがいを形成する冬までの間にもつ羽。普通、繁殖後の秋にほぼ全身の換羽をおこなうが、種類によってメスに似た羽。

【換羽】……羽毛が抜け替わること。普通、繁殖後の秋にほぼ全身の換羽をおこなうが、種類によっては一部だけ換羽したり、羽色の変化は換羽に関係なく少しずつ換羽するものもいる。

【留鳥】……ある地域で1年中見られる鳥。日本全体では留鳥でも、地方によって漂鳥になる鳥もいる。

【漂鳥】……季節によって、地方によって漂鳥になる鳥もいる。日本国内を移動する鳥。主に冬に北の地方や山岳地から暖地や平地に移動する。

【夏鳥】……春に日本より南の地域から渡来して繁殖し、秋には南の地域に渡去して越冬する鳥。

【冬鳥】……日本より北の地域で繁殖し、越冬のために日本に渡来し、春になると越冬のために日本に渡来し、春になると越冬の地域に渡去する鳥。

【旅鳥】……日本より北の地域で繁殖し、日本より南の地域で越冬する鳥で、春と秋に日本を通過する。

【迷鳥】……何らかの理由で、本来の分布域や渡りのコースを外れて日本に渡来した（迷行した）鳥。

【さえずり】……繁殖期に主に小鳥類のオスが出す美しい鳴き声。多くは一定のパターンを持つ。さえずりにはなわばり宣言とメスへの求愛の意味がある。また、なわばり内において、さえずりをおこなう特定の場所をソングポストという。

【地鳴き】……さえずり以外の鳴き声。単調で短いものが多い。

【ぐぜり】……さえずりに似た小さな鳴き声。

【ドラミング】……繁殖期にキツツキ類が木をつついて出す連打音や、キジ類が出す羽ばたき音などを指し、さえずりと同じ意味があると考えられている。仲間同士の意思疎通などに使う。

【聞きなし】……鳥のさえずりを適当な言葉に置きかえて、覚えやすくしたもの。

【ディスプレイ】……求愛やなわばり維持のためにおこなう、儀式化された行動。鳥の種類によってさまざまなものがある。飛びながらおこなうのがディスプレイフライトで、さえずり飛翔もその1つ。

【求愛給餌】……求愛ディスプレイの1つで、オスがメスに食物を与える。その後に交尾をおこなうとも多い。食物の代わりに巣材を渡す種類もいる。

【コロニー】……集団営巣地のことで、それぞれの巣は近距離に密集する。水鳥などに多い。巣同士の距離が比較的離れたルーズコロニーや、複数の種が同じ場所に営巣する混成コロニーなどもある。

【繁殖】……多くの鳥は一夫一妻で繁殖するが、一夫多妻や一妻多夫、多夫多妻といった繁殖形態を持つものもいる。また一夫一妻でも、食物条件などによると一夫多妻（一夫二妻）になることもある。

【托卵】……他種の巣に卵を産みつける習性で、カッコウ類に見られる。他に同種の他の巣に卵を産みつける種内托卵もある。

【ヘルパー】……ある個体。同じ親の前年の子（若鳥）に同種の他の巣において親以外で育雛を手伝う個体。同じ親の前年の子（若鳥）や、その年に繁殖に失敗した成鳥がヘルパーになることもある。

【モビング】……巣などに近づいた天敵に対し、親鳥や他の成鳥が集まって騒ぎ立てるなどして追い払う行動。

【擬傷】……巣の卵や雛に天敵が近づいたとき、親鳥がまるでケガをしているかのように振る舞って天敵の注意を引き、巣から遠ざける行動。実際には攻撃しないので偽攻撃ともいう。

【ねぐら（塒）】……鳥が寝るところ。樹木の茂みや藪、樹洞、人家の軒下や人工的な構造物など、種類によってさまざまな場所を利用する。非繁殖期には集団ねぐらを作るものも多い。

【混群】……非繁殖期に複数種の鳥が作る群れ。よく見られるものはカラ類の混群で、シジュウカラ類数種に、エナガやメジロ、コゲラなどが加わる。

【擬態】……鳥の場合、体を伸ばした状態で静止して、草むらや木陰に紛れて身を守ることをいう。ジュウイチやツツドリのように、ワシタカ類のハイタカに姿が似ているものも擬態の一種とされる。

【羽繕い】……羽毛の形や配列を整えること。また尾脂腺の分泌物を塗り、防水性や抗菌性を高める。水浴びや砂浴びも汚れや寄生虫を取るのに役立つ。

【ペリット】……肉食の鳥類が、獲物の骨などの未消化物を固形状にして吐き出したもの。

水辺の鳥

主に水辺に生息する鳥の仲間たち

夏羽の成鳥とその幼鳥。幼鳥は独特な縞模様がある。親鳥は幼鳥を背中に乗せて保護することもある

 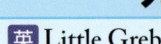 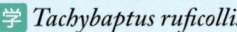

カイツブリ（鳰）

英 Little Grebe　学 *Tachybaptus ruficollis*

小さな水鳥だが、活発に潜水して大きな声で鳴く

大きさ	L26cm、W43cm
分布	留鳥として本州中部以南に分布し、本州北部以北では夏鳥として渡来
環境	池沼、湖沼、河川

見る 日本産カイツブリ類で最小。カモ類と比べても小さい。雌雄同色で、夏羽では頭部から上面が黒っぽく、頬から後頸にかけて赤褐色。冬羽では上面が褐色で下面は淡色。

知る 足指に葉状の水かきがあり、潜水して小魚や昆虫などを食べる。繁殖期にはキュルルル…と大きな声で鳴く。水草などを集めて水面に浮く巣を作る。古名を「鳰（にお）」といい、「鳰の浮き巣」は、松尾芭蕉も句に詠んでいる。また琵琶湖は古くは「鳰の海」と呼ばれていたことから、滋賀県の鳥に指定されている。

浮き巣で卵を守る親鳥。巣を離れるときは卵を水草で隠す

成鳥冬羽。夏羽に比べて全体に淡色になる

カイツブリ目カイツブリ科

夏羽に換羽中の個体。群れでいることが多い

ハジロカイツブリ
(羽白鳰) ★★

- 学 *Podiceps nigricollis*
- 英 Black-necked Grebe

大きさ	L31㎝、W57㎝
分布	冬鳥として全国に渡来
環境	湖沼、沿岸

成鳥冬羽。夏羽では黒い嘴が鉛色になる。嘴がやや上に反るのも特徴の１つ

冬羽は頭部の黒色と顔の白色の境が不明瞭

見る 雌雄同色。夏羽では顔から首、上面が黒く目の後方に金栗色（きんくり）の飾り羽がある。冬羽は頬から目の後方、体の下面が淡色になるが、黒色部が目の下まで広がり、白色部との境は不明瞭。虹彩が赤い。次列風切と初列風切の一部が白く、飛翔時に目立つ。

知る 潜水して小魚や甲殻類＊などを食べる。ピィ、ピィッと鳴く。越冬地では群れでいることが多く、春先には大きな群れが見られる。

成鳥冬羽。顔の黒白の境界が明瞭なのが特徴

ミミカイツブリ
(耳鳰) ★★★

- 学 *Podiceps auritus*
- 英 Horned Grebe

大きさ	L33㎝、W60㎝
分布	冬鳥として全国に渡来
環境	沿岸

成鳥夏羽。冬羽から見事な変身をとげる。越冬地では海にいるが、繁殖は淡水域でおこなう

数は少ないが、春先、渡去前の夏羽は見事

見る 雌雄同色。夏羽では頭部や顔、背面が黒く、首から胸、脇は赤褐色。目の後方から後頭に金栗色（きんくり）の飾り羽がある。冬羽は顔から体下面が白い。頬の白色部はハジロカイツブリより大きく、また黒色部との境は明瞭。

知る 潜水して小魚や甲殻類などを食べる。ピーと鳴く。ハジロカイツブリに比べ少ない。越冬地では単独から数羽でいて、ハジロカイツブリの群れに混じることもある。

甲殻類：エビ、カニ、ヤドカリ、シャコ、ヨコエビ、アミ、フナムシ、ミジンコなど。鳥によって食べる種類などが違う

カンムリカイツブリの親子。親鳥は幼鳥が小さいうちは背中に乗せて世話をすることも多い

カンムリカイツブリ（冠鷿）

英 Great Crested Grebe　学 Podiceps cristatus

体が大きくて首が長く頭上に冠羽がある

見る 日本産カイツブリ類で最大で、大型カモ類ほどの大きさ。首が長いのも特徴。雌雄同色。夏羽では頭部の黒い冠羽と、顔の後方にある黒色と赤褐色の大きな飾り羽が特徴。和名はこれらが由来である。冬羽は体の下面が白く、顔の飾り羽がなく冠羽も短い。

知る 潜水して小魚などを食べる。近年は越冬数が増加している。青森県市柳沼（絶滅のおそれがある地域個体群）と琵琶湖では少数が繁殖。求愛ディスプレイも観察できる。アシの間などに浮き巣を作る。クワックワッと鳴く。

大きさ	L56cm、W85cm
分布	冬鳥として九州以北に渡来、北海道では旅鳥、青森市柳沼と琵琶湖で繁殖
環境	湖沼、池、河川、河口、沿岸

LP（青森県の繁殖個体群）

成鳥冬羽。黒っぽい上面と白い下面のコントラストが明瞭

成鳥夏羽。名前の由来でもある冠羽や飾り羽が目立つ

カイツブリ目カイツブリ科

カイツブリ目カイツブリ科

夏羽の成鳥ペア。頭部の羽毛は短い冠羽状になる

アカエリカイツブリ
（赤襟鳰） ★★

学 *Podiceps grisegena*
英 Red-necked Grebe

大きさ	L47㎝、W80㎝
分布	冬鳥として本州以南に渡来。北海道では夏鳥として繁殖
環境	沿岸、河川・河口、湖沼

赤襟は夏羽の特徴。冬は全体に地味な羽色

成鳥冬羽。冬羽はアビ類に似るが、アビ類は体が大きく首が短いので見分けられる

見る 一般のカモ類ほどの大きさで、カンムリカイツブリよりは小さく、首も短い。水面上では一見アビ類にも似る。雌雄同色。夏羽では頭部が黒く、頬は白色。首は赤褐色。冬羽は額や首が淡褐色。

知る 冬は海で見られることが多い。北海道の湖沼で繁殖し、マコモなどが生える浅い水辺に、水生植物に固定させた浮き巣を作る。潜水して小魚や昆虫などを食べる。繁殖期にキリッキリッなどと鳴く。

アビ目アビ科

成鳥冬羽。背面にはハの字形の斑紋が目立つ

アビ
（阿比） ★★★

学 *Gavia stellata*
英 Red-throated Diver

大きさ	L63㎝、W110㎝
分布	冬鳥として九州以北に渡来、北海道では旅鳥
環境	沿岸

体が小さく、背面に小さな白斑が散らばる

成鳥夏羽。前頸が赤褐色なのが特徴。日本では完全な夏羽を見る機会はほとんどない

見る 日本産アビ類では最小で、オオハムやシロエリオオハムは体が大きく、太く見える。また、嘴が上に反って見えるのも特徴。夏羽では頭部から頸側にかけて灰色で、前頸が赤褐色。冬羽は額から後頸が灰褐色。喉から前頸、下面は白い。

知る 渡来数はそれほど多くないが、瀬戸内海や日本海側で見られることが多い。潜水して小魚を食べる。グェーグェーと鳴く。

水生植物：水中や水辺に生育し、体全体かほとんどが水中にある植物（シダ、裸子・種子植物）

成鳥夏羽。オオハムに似るが、前頸の黒斑は青紫色の光沢がある

夏羽では後頭は銀白色にも見える。渡去前の初夏、北海道などでは夏羽個体が見られる

成鳥冬羽。冬羽は特にオオハムに似るので注意が必要

シロエリオオハム（白襟大波武） ★★

英 Pacific Diver　学 *Gavia pacifica*

最も普通に見られるアビ類。首輪模様がある

- 大きさ　L65cm、W112cm
- 分布　冬鳥として北海道から九州に渡来。南西諸島では稀
- 環境　沿岸、海岸近くの湖沼

天然記念物（アビ渡来群遊海面）

見る　オオハムによく似ているが一回り小さい。雌雄同色。夏羽は頭部から後頸が灰色で、前頸は青紫色光沢のある黒色。冬羽は上面が黒褐色、下面は白く、喉に輪模様がある。嘴は小さく、虹彩が赤い。

知る　日本に渡来するアビ類では最も多い。広島県には、アビ類に追われたイカナゴを狙い集まったタイを釣る伝統漁法「鳥待網代漁」があり、周辺海域は「アビ渡来群遊海面」として国の天然記念物に指定されている。このアビは主に本種だが、現在は渡来数が激減し漁も途絶えている。

オオハム（大波武） ★★★

英 Black-throated Diver　学 *Gabia arctica*

脇の後方で下面の白色部が盛り上がる

- 大きさ　L72cm、W120cm
- 分布　冬鳥として北海道から九州に渡来。南西諸島では稀
- 環境　沿岸、海岸近くの湖沼

成鳥冬羽

見る　アビやシロエリオオハムより大きい。雌雄同色。羽色はシロエリオオハムによく似るが、夏羽は前頸の黒斑に緑色の光沢があり、後頭から後頸は白っぽく見えない。冬羽は水面では脇の後方に白色部があるのが特徴。喉に輪模様はなく、嘴は大きくて長め。

知る　渡来数は少なめだが、春秋の渡り時期には見る機会が多い。

アビ目アビ科

繁殖地には夜間に戻ってくる。飛び立ちが苦手で、海上では助走、地上では崖や木の上から飛び降りるようにして飛び立つ

オオミズナギドリ（大水薙鳥）

| 学 | *Calonectris leucomelas* | 英 | Streaked Shearwater |

ミズナギドリといえば本種。沿岸にも多い

見る 名前の通り日本産ミズナギドリ類で最大。雌雄同色で、頭部は白と黒の斑模様、上面は黒褐色で淡色の羽縁が波状の模様を作る。下面は風切羽などをのぞき白色。

知る 沿岸域で普通に見られ、大きな群れになることも多い。海面近くの小魚やイカを捕らえ、水中に飛び込むこともある。魚群に群がって鳥山を作るため、漁の目印にされる。このことから繁殖地の1つ、伊豆諸島の御蔵島では「鰹鳥（カツウドリ）」とも呼ばれる。各地の繁殖地が国の天然記念物に指定されている。

大きさ	L49㎝、W122㎝
分布	夏鳥として各地に渡来し、日本近海の無人島などで繁殖
環境	沿岸、沖合

天然記念物（京都府冠島、北海道渡島大島、岩手県三貫島、島根県星神島、沖ノ島、新潟県粟島）

◀海面近くの風を利用して羽ばたかずに飛ぶ

▲漁船の周りに群れる。鳥山は漁のよい目印になる

ミズナギドリ目ミズナギドリ科

鳥山：水面近くの魚群を狙って集まる海鳥の群れ。魚群は大型魚に追われた小魚であることが多いため、漁の目印になる

フルマカモメ（ふるま鴎）

★★★

英 Northern Fulmar　学 *Fulmarus glacialis*

- 大きさ：L49cm、W107cm
- 分布：本州中部以北から北海道の太平洋側沖合
- 環境：沖合

暗色型成鳥

ミズナギドリ類らしからぬ体形の鳥

見る 体形がずんぐりしていて、ミズナギドリ類よりもカモメ類のように見える。羽色は暗色型と淡色型、中間型があるが、日本では全身が黒褐色の暗色型が多い。嘴は管鼻*が太く、黄色っぽい。

知る 北日本の太平洋側では周年見られ、特に夏に多いが、繁殖は未確認。飛びながら海面で小魚などを捕らえるが、魚のアラもよく食べる。

アナドリ（穴鳥）

★★★

英 Bulwer's Petrel　学 *Bulweria bulwerii*

- 大きさ：L27cm、W61cm
- 分布：小笠原諸島や伊豆諸島、南西諸島の一部で繁殖
- 環境：繁殖地沿岸、沖合

巣穴の成鳥

ウミツバメ類との見分けに要注意

見る 雌雄同色で、全体に黒褐色。小型で背面に逆ハの字形の斑紋が出るためウミツバメ類に似るが、斑紋は不明瞭で、尾羽が長く先端はくさび尾。

知る 海面近くを飛び、イカや動物プランクトンなどを探して食べる。繁殖期は日中は海にいて、夜に島に戻る。小笠原の繁殖地ではクマネズミに襲われる被害が起き、深刻な問題になっている。

オナガミズナギドリ（尾長水薙鳥）

★★★

英 Wedge-tailed Shearwater　学 *Puffinus pacificus*

- 大きさ：L39cm、W97cm
- 分布：夏鳥として小笠原諸島に渡来。父島列島や硫黄列島で繁殖
- 環境：繁殖地沿岸、沖合

淡色型成鳥

尾の長いシルエットが見分けのポイント

見る 名前の通り尾羽が長いのが特徴。雌雄同色。淡色型と暗色型があり、日本ではほとんどが淡色型。淡色型は背面が黒褐色の地に淡色の羽縁が波形模様を作る。下面は白色。暗色型は下面も含めて全体に黒褐色。

知る 繁殖地の小笠原ではよく見られ、巣立ち時期は街中に迷いこみ保護されるものもいる。イカや小魚などを食べる。

管鼻：ミズナギドリ類などの海鳥が持つ管状の鼻。飲んだ海水から塩類腺で余分な塩分を取り除き、管鼻から排出する

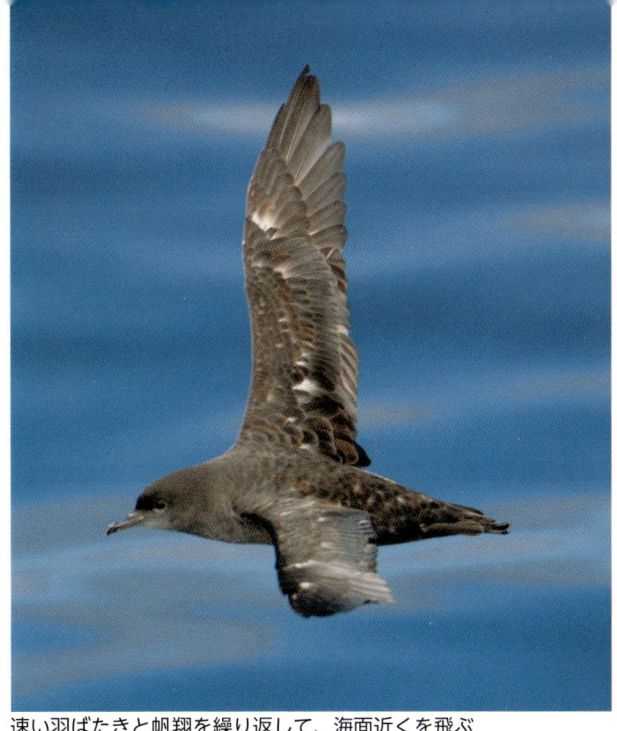

速い羽ばたきと帆翔を繰り返して、海面近くを飛ぶ

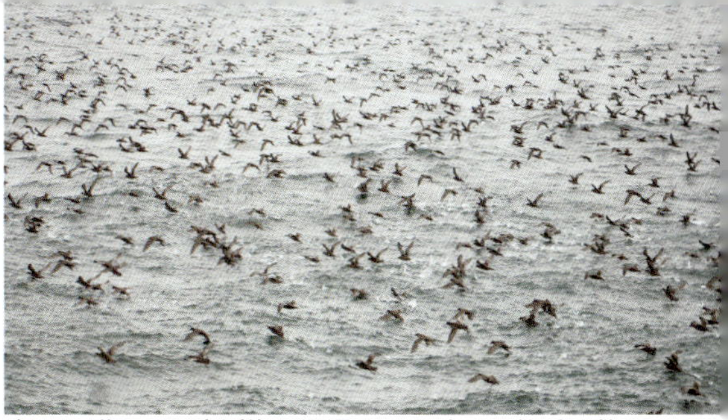

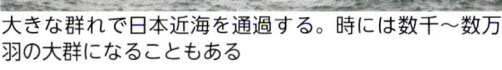

大きな群れで日本近海を通過する。時には数千〜数万羽の大群になることもある

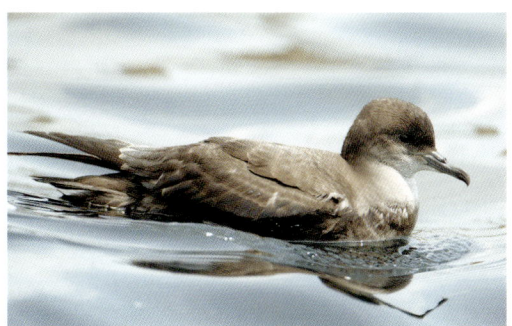

成鳥。初夏に個体数が増え、時には沿岸の湾内や港湾などで見られることもある

ハシボソミズナギドリ（嘴細水薙鳥）★★

学 *Puffinus tenuirostris*　英 Short tailed Shearwater

大きさ	L42㎝、W97㎝
分布	主に春から夏、日本近海を通過。北海道東部などでは沿岸にも渡来する
環境	沖合、沿岸

南から北へ最も長距離の渡りをする鳥の1つ

見る 雌雄同色で、全身が黒褐色。翼下面はやや淡色で明るく見える。翼が細めで、羽ばたきが速い。

知る オーストラリアのタスマニア島周辺で繁殖し、北太平洋寒流域までの長距離の渡りをおこなう。日本近海では初夏に沖合を若鳥の群れが通過し、北海道の根室沖では大群が見られる。また、その時期に海が荒れると、衰弱死した個体が太平洋沿岸に大量に打ち上げられることがある。獲物はオキアミや小魚、イカの幼体で、海面で摘み取ったり、潜水して捕らえる。

コシジロウミツバメ（腰白海燕）★★★

学 *Oceanodroma leucorhoa*　英 Leach's Storm-petrel

大きさ	L21㎝、W48㎝
分布	主に夏鳥として太平洋側海域に渡来。北海道や東北の一部の島で繁殖
環境	沖合、沿岸

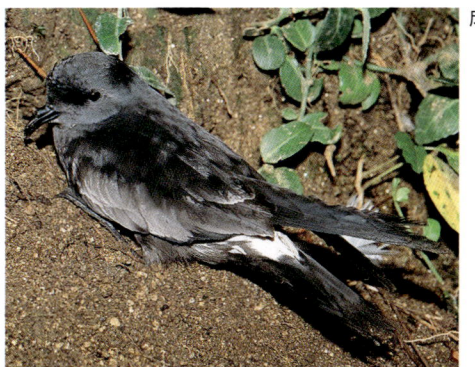

成鳥

コウモリのように暗闇を飛ぶ海鳥

見る 雌雄同色。全体に黒褐色で、上尾筒と下尾筒の側面が白いことが腰白の名前の由来。上尾筒の中央に黒線が入る。上尾筒上面に逆ハの字形の斑紋が出る。尾羽先端は凹尾。

知る 北海道の大黒島、友知島、岩手県の日出島、三貫島で繁殖。ピーウィッ、オッテケテットと鳴き、夜間、島に戻る時は鳴き声による音響*定位をおこない飛行する。

*音響定位：鳴き声や音を発して、その反響音を聞くことで周囲の地形や距離を識別すること

亜成鳥。ほぼ成鳥羽だが、後頸に黒褐色の羽が残る。完全な成鳥羽になるまでには10年以上かかるとされる

海上に群れる3〜5年目ほどの幼鳥。非繁殖期はベーリング海やアリューシャン列島、アラスカ湾などで過ごす

2年目の幼鳥。体は黒褐色だが嘴はピンク色

海面近くを帆翔する成鳥

アホウドリ（信天翁）

★★★

英 Short-tailed Albatross　学 *Phoebastria albatrus*

絶滅の危機から復活を目指す海鳥の王様

見る 北半球で繁殖する海鳥では最大で、翼開長は2m以上になる。成鳥は全体に白色で、頭頂から後頸が黄色。風切や雨覆の一部、尾羽が黒い。

知る 世界中で伊豆諸島の鳥島と尖閣諸島でのみ繁殖し、繁殖期の10月〜翌5月に繁殖地周辺や太平洋側沖合で見られる。一時は絶滅したと思われたが、保護事業によって個体数は少しずつ増加し、約2000羽に回復している。2008年から、かつての繁殖地であった小笠原諸島の聟島に再導入がおこなわれている。国の特別天然記念物。

- **大きさ** L100cm、W240cm
- **分布** 伊豆諸島の鳥島と尖閣諸島の南小島で繁殖、小笠原諸島聟島に再導入（尖閣諸島の繁殖群は遺伝的差異が大きい）
- **環境** 沖合、繁殖地の沿岸
- VU（絶滅危惧Ⅱ類）、特別天然記念物

ミズナギドリ目アホウドリ科

繁殖期に鳴き交わす成鳥ペア（ミッドウェー諸島のコロニー）

亜成鳥。アホウドリ類の中では見る機会が多く、時には群れが現れることもある

海上を飛翔する成鳥。海面近くの風力差を利用して、あまり羽ばたくことなく帆翔する

コアホウドリ （小信天翁） ★★★

学 *Phoebastria immutabilis* 　英 Laysan Albatross

背と翼が黒褐色の、少し小さなアホウドリ

見る　アホウドリより小さいが、翼開長は2mに達する。成鳥は頭部から首、下面、上尾筒が白く、背から翼上面と尾が黒褐色。目の周りも黒い。嘴と足はピンク色。幼鳥や若鳥は嘴が灰色を帯びる。

知る　日本では小笠原諸島聟島列島でのみ繁殖する。アホウドリ同様、繁殖地では雌雄の鳴き交わしや嘴を打ち鳴らすクラッタリングという求愛ディスプレイが見られる。獲物は小魚やイカ類。太平洋側のフェリー航路で観察できるほか、台風の後など沿岸に現れることも多い。

- 大きさ　L80cm、W200cm
- 分布　小笠原諸島聟島列島で繁殖
- 環境　沖合、繁殖地の島々、沿岸

EN（絶滅危惧ⅠB類）

クロアシアホウドリ （黒足信天翁） ★★★

学 *Phoebastria nigripes* 　英 Black-footed Albatross

- 大きさ　L70cm、W210cm
- 分布　小笠原諸島の聟島列島や父島列島、尖閣諸島で繁殖
- 環境　沖合、繁殖地の島々

親子（小笠原）

全身が黒褐色をしたアホウドリ

見る　雌雄とも全身が黒褐色でアホウドリの幼鳥に似るが、体が小さく名前の通り足が黒い。嘴も黒灰色。目の下と嘴の基部は白い。

知る　日本では伊豆諸島鳥島、小笠原諸島の聟島列島、小笠原諸島北小島、尖閣諸島北小島で繁殖する。魚類やイカ類を食べ、繁殖地から数百km離れた海域まで採餌に出かける。太平洋側の沖合で見られる。

アカオネッタイチョウ
（赤尾熱帯鳥） ★★★

| 学 | *Phaethon rubricauda* |
| 英 | Red-tailed Tropicbird |

- 大きさ　L96㎝、W112㎝
- 分布　夏鳥として小笠原諸島や八重山諸島に渡来。小笠原諸島の一部で繁殖
- 環境　繁殖地の島々やその沿岸

EN（絶滅危惧ⅠB類）

熱帯鳥の名の通り、南の青い海が似合う優雅な姿の鳥

赤い尾を風になびかせて飛ぶ白い海鳥

見る 雌雄ともに全身がほぼ白色。尾羽の中央2枚は糸状に細長く、赤いのが特徴。幼鳥ではこの長い尾羽がない。嘴は成鳥では赤く、幼鳥では黒い。近似種シラオネッタイチョウは尾羽が白く、風切や雨覆に黒斑がある。嘴は黄色。

知る 日本では小笠原諸島の硫黄列島や南鳥島にコロニーがある。小笠原諸島や八重山諸島で観察例が多いが、台風の後などに本州で記録されることもある。

繁殖地では、地上に簡単な巣を作って繁殖をおこなう

チシマウガラス
（千島鵜鳥） ★★★

| 学 | *Phalacrocorax urile* |
| 英 | Red-faced Cormorant |

- 大きさ　L76㎝、W121㎝
- 分布　北海道のモユルリ島で繁殖。本州北部沿岸には稀に冬に渡来
- 環境　海岸

CR（絶滅危惧ⅠA類）

成鳥夏羽。ヒメウに比べ顔の裸出部が大きく、下嘴の基部が青い

絶滅が危惧される北方の海辺に棲むウ

見る 雌雄同色で、全身が黒色。夏羽では青紫色や緑色の光沢がある。目の周りの裸出部は赤くなり、頭頂と後頭に2つの冠羽が出る。冬羽は目の周りの裸出部は褐色になり、冠羽もない。

知る 北海道東部の海岸やユルリ、モユルリ島などで少数見られるが、現在、繁殖数は激減している。非繁殖期は本州北部の沿岸で見られることもある。ヒメウの群れに混じっていることが多い。

成鳥冬羽。ヒメウに似るが、ヒメウの冬羽は嘴が暗色になる。また嘴や首は細く見える

20

生殖羽ではカワウ同様に頭部が白くなり、足の付け根に白斑が出る

ウミウ（海鵜） ★★

学 *Phalacrocorax capillatus*
英 Japanese Cormorant

- 大きさ　L84cm、W133cm
- 分布　留鳥として主に日本海側、東北地方北部以北に分布。他は冬鳥
- 環境　海岸

天然記念物（新潟県粟島、福島県照島、山口県壁島）

岩礁に群れるウミウ。カワウも海で見られるが、ウミウと違い内湾など波の穏やかな場所にいる

鵜飼いに使われる岩礁域に棲むウ

見る　全身が黒色でカワウに似るが、羽毛に緑色光沢があることや、嘴基部にある黄色部は口角部分が三角形に尖ることで見分けられる。

知る　名前の通り岩礁性の海岸に生息し、河川に入ることはない。繁殖場所は岩壁で、岩棚などに巣を作る。潜水して魚類を食べる。長良川などの鵜飼いで使われるのは本種で、現在は主に茨城県日立市の伊師浜海岸で捕獲される。天然記念物の繁殖地もある。

成鳥冬羽。全身に青色や紫色の光沢があり、光の角度で輝きを増す

ヒメウ（姫鵜） ★★

学 *Phalacrocorax pelagicus*
英 Pelagic Cormorant

- 大きさ　L73cm、W98cm
- 分布　北海道では夏鳥、本州北部で留鳥、他は冬鳥
- 環境　海岸、河口、内湾

EN（絶滅危惧ⅠB類）

カワウやウミウと比べて、体つきも嘴も細めなのが特徴

日本産ウ類で最小のスマートな体をしたウ

見る　カワウやウミウより小さく体もスマート。羽色は黒色で、青色や紫色の光沢がある。夏羽では目先の裸出部が赤くなり、頭頂と後頭に冠羽がある。冬羽では目先の裸出部は目立たず冠羽もない。

知る　北海道や本州北部、九州北部で繁殖し、その周辺では留鳥だが、普通は冬鳥。岩礁や岩壁に生息するが、港湾に入ることもあり、ウミウの群れに混じることも多い。潜水して魚類や甲殻類を食べる。

カツオドリ目ウ科

日光浴をするカワウ。*尾脂腺が未発達のウ類は、潜水した後、入念に日光浴をして羽毛を乾かす

ねぐらに集まったカワウ。毎日ねぐらから餌場の川や海へ通う。ねぐらがコロニーになることもある

糞をする。糞はリン分が豊富で肥料になる

獲物を探すカワウ。潜水も得意だ

カワウ（河鵜）

 ★

英 Great Cormorant　　学 *Phalacrocorax carbo*

カツオドリ目ウ科

川だけでなく海でもよく見られるウ

見る 雌雄同色で全身黒色。背や肩羽、雨覆は光沢がある茶褐色。繁殖期には頭や腿に白い生殖羽が生え、足の付け根には大きな白斑が出る。嘴基部にある黄色の裸出部は、口角の部分が丸みがある。

知る 河川の他、内湾などの海辺で普通に見られる。潜水して魚類を食べる。水辺近くの林に集団営巣地（コロニー）を作る。一時は環境悪化で激減したが、近年は個体数が増加し、コロニーでの糞害や魚の食害が懸念されている。愛知県美浜町の「鵜の山ウ繁殖地」は国の天然記念物。

大きさ L82cm、W129cm
分布 留鳥として本州から九州に分布、四国では一部は冬鳥、南西諸島では冬鳥
環境 海岸、河川、湖沼
天然記念物（愛知県美浜町「鵜の山」）

尾脂腺：尾の付け根にある分泌腺。ここから出る脂分を羽根につけ防水性を保つ

成鳥オス。飛翔中、下面は白と黒のコントラストが明瞭

成鳥メスと雛。通常、1～2羽の雛を育てるが、海鳥では先に生まれた雛が後から生まれた雛を攻撃し、餌を独占して死なす「兄弟殺し」がよくおこり、最終的に1羽しか巣立たないことも多い

カツオドリ（鰹鳥） ★★

学 *Sula leucogaster*　英 Brown Booby

豪快な海中ダイブで魚を捕らえる

見る 頭部から胸、上面は黒褐色。腹部から下面が白い。雌雄はほぼ同色だが、オスは顔の裸出部に青みがあり、メスは黄色みがある。

知る 羽ばたきと帆翔を繰り返し、下を向きながらやや高い場所を飛んで魚類やイカ類を探す。獲物を見つけると海中に頭から飛び込んで捕らえる。そのため嘴は大きく円錐形で、頭部となだらかにつながる。コロニーを形成し、断崖上や岩棚に簡単な巣を作って繁殖する。飛翔する姿を見ることが多いが、稀に船の屋根に止まることもある。

- 大きさ　L73㎝、W145㎝
- 分布　留鳥として伊豆諸島、小笠原諸島や八重山諸島の一部に分布
- 環境　繁殖地の島々やその沿岸

コグンカンドリ（小軍艦鳥） ★★★

学 *Fregata ariel*　英 Lesser Frigatebird

- 大きさ　L79㎝、W175～195㎝
- 分布　稀な迷鳥として主に太平洋岸の各地に飛来
- 環境　沿岸上空

幼鳥

飛翔能力に優れた空のフリゲート艦

見る 長くて先が尖る翼と、燕尾が特徴。全体に黒色で、オスは脇に白線があり、メスは胸から腹が白い。幼鳥や若鳥は頭部や腹部が白い。

知る 幼鳥が主に台風の後などに沿岸部で見られるが、内陸部に現れることもある（写真は山形県寒河江市で撮影）。自力でも採餌するが、飛びながら他の海鳥を襲い、獲物を吐き出させて奪う。

サンカノゴイ
（山家五位）★★★

- 学 *Botaurus stellaris*
- 英 Great Bittern
- 大きさ　L70cm
- 分布　北海道と本州以南の一部で繁殖、北海道では主に夏鳥、本州以南では主に冬鳥
- 環境　河川や湖沼周辺の湿地、アシ原
- EN（絶滅危惧ⅠB類）

成鳥オス。繁殖期にはボォーッボォーッと低い声で鳴く

成鳥メス。アシ原や湿地の草陰にいることが多い。主に夜行性で、日中は開けた場所に出てこない

大型種だが、数は少なくあまり目立たない

見る 大型でずんぐりした体形のサギ。雌雄同色。全身が淡い黄土色で、上面には黒褐色の縦斑と細かい斑模様がある。頭部は黒い。喉から胸は色が淡く、縦筋模様がある。嘴は黄緑色で、繁殖期のオスは目先が青みを帯びる。

知る 北海道の他、霞ヶ浦や印旛沼、琵琶湖で繁殖が確認されているが、個体数は少ない。アシ原などに生息するが、越冬期に市街地の緑地公園に現れることもある。

オオヨシゴイ
（大葭五位）★★★

- 学 *Ixobrychus eurhythmus*
- 英 Schrenck's Bittern
- 大きさ　L39cm
- 分布　夏鳥として本州中部以北から北海道に渡来。越冬や渡りの記録もある
- 環境　湿地やその周辺の草地
- EN（絶滅危惧ⅠB類）

注意深く辺りを見回す成鳥オス。アシ原では擬態行動も見せる

成鳥オス。日中は開けた場所に出ることはなく、主に朝夕の薄暗い時間帯に活動する

繁殖地の消滅で、出会うチャンスも激減

見る オスは上面が栗色で雨覆は灰褐色。下面は淡い黄褐色。喉から胸にかけて中央に縦斑が1本走る。メスは上面に白斑があり、喉から胸に数本の縦斑がある。虹彩は淡黄色で瞳孔の後方が黒く、瞳孔とつながって見える。

知る 北海道から本州で局地的に繁殖するが、近年は繁殖地が各地で消滅。個体数も激減している。ヨシゴイよりも乾燥した草地を好み、魚やカエル、昆虫などを食べる。

ペリカン目サギ科

成鳥メス。ハスの花茎に止まって獲物を狙う

ヨシゴイ
（葭五位） ★★

| 学 | *Ixobrychus sinensis* |
| 英 | Yellow Bittern |

大きさ	L36㎝
分布	夏鳥として全国に渡来。西南日本では越冬も
環境	河川や湖沼周辺の湿地、アシ原、水田

NT（準絶滅危惧）

成鳥オス。名前はアシ（別名ヨシ）に由来。近年はアシ原の減少とともに個体数が減っている

アシ原の陰でひっそりたたずむ小さなサギ

見る　日本産サギ類で最小。オスは頭部が黒く上面が茶褐色。下面は淡い黄白色で不明瞭な縦斑がある。メスは淡色で、喉から胸に縦斑が数本ある。雌雄ともに飛ぶと風切が黒く、黄褐色の雨覆が目立つ。

知る　アシ原などに潜み、朝夕に活動して魚やカエル、甲殻類などを食べる。危険を感じると顔を上げ首を伸ばして静止し、アシに擬態する。生えたままのアシなどを寄せ集めて巣を作り、繁殖する。

成鳥オス（手前）と成鳥メス

リュウキュウヨシゴイ
（琉球葭五位） ★★

| 学 | *Ixobrychus cinnamomeus* |
| 英 | Cinnamon Bittern |

大きさ	L40㎝
分布	留鳥として南西諸島に分布する
環境	湿地、水田、草地

成鳥オス。南西諸島に留鳥だが、稀に本州や伊豆諸島などで記録されることもある

南西諸島に広く留鳥。上面の赤みが強い

見る　オスは頭部から上面は一様に赤褐色で、雨覆と風切の色彩差はない。下面は上面に比べて淡色で、喉から胸に縦斑がある。繁殖期には目先が赤くなる。メスは頭部から上面が暗赤褐色。背や翼には白斑があり、下面には縦斑が数本ある。

知る　警戒心は強いが、ヨシゴイなどに比べ開けた場所に出ることもあり、人家周辺の水田にも生息する。小魚やカエル、甲殻類などを食べる。

ミゾゴイ
(溝五位)
★★★

| 学 | *Gorsachius goisagi* |
| 英 | Japanese Night Heron |

大きさ	L49cm
分布	夏鳥として本州、四国、九州、伊豆諸島に渡来。西南日本で少数が越冬
環境	低山の林

EN（絶滅危惧ⅠB類）

成鳥メス。渡りの時期には都市部の公園に現れることもある

人目を忍び、夜の森で鳴き続けるサギ

成鳥オス。メスより羽色が濃いめ。1980年代以降、環境悪化の影響で個体数が激減している

見る 雌雄同色。頭部から後頸は栗色で、頭頂はやや青みがかる。後頭は短い冠羽状。背から上面は暗褐色で淡色斑がある。下面は淡褐色で首から腹に縦斑がある。

知る ほぼ日本だけで繁殖する。低山や丘陵にある沢沿いの薄暗い林に生息。沢や湿地でサワガニやカエル、昆虫、ミミズなどを食べる。繁殖期には朝夕や夜間にボォーッ、ボォーッと鳴き続けるが、普通は主に昼間に活動する。

ズグロミゾゴイ
(頭黒溝五位)
★★

| 学 | *Gorsachius melanolophus* |
| 英 | Malaysian Night Heron |

大きさ	L47cm
分布	留鳥として八重山諸島、与那国島、宮古諸島に分布
環境	林、水田や湿地、畑、人家周辺の草地

VU（絶滅危惧Ⅱ類）

成鳥オス。メスより目先の水色が鮮やか。冠羽も長めの傾向がある

名前の通り頭が黒く、目先の水色が印象的

幼鳥。白と黒の斑模様になる。同じ分布域で繁殖する近似種はいない

見る 雌雄同色。頭部から上面は赤褐色で、頭頂から後頭が黒っぽい藍色。また後頭に冠羽がある。下面は淡褐色で胸から腹に縦斑がある。初列雨覆と初列風切の先が白く、飛翔時に目立つ。

知る 常緑広葉樹林に生息し、人家周辺の林にもいる。主に朝夕に活動するが、昼間に庭先や畑、放牧地などで見かけることも多い。林内や水辺を歩き回り、カエルやトカゲ、昆虫などを食べる。

ペリカン目サギ科

26

成鳥。水辺などにたたずむ姿は修行僧のようにも見える。赤い虹彩が印象的

ハリエンジュの木で休む。水辺の木を探すと見つかることが多い

成鳥は後頭に飾り羽がある。普段はわかりづらいが意外と首の長さがある

幼鳥は頭部から上面が褐色で、淡色の斑点が散らばり、「ホシゴイ（星五位）」と呼ばれる

ゴイサギ（五位鷺）

学 *Nycticorax nycticorax* 　英 Black-crowned Night Heron

官位を持ち、夕空を鳴きながら飛ぶサギ

見る 雌雄同色で、頭頂から上面は濃い紺色。翼と腰、尾は灰色。下面は白い。後頭に白くて長い飾り羽がある。

知る 水辺近くの林や竹林に生息する。コロニーを作って繁殖する。主に日中は樹上で休息し、夜に活動するため、夕方の暗い空からグァッグァッと鳴き声が聞こえることがよくある。魚類や甲殻類、カエル、昆虫などを食べる。都市部の川や公園の池にいることも多い。名前は、平安時代に醍醐天皇の命に従い素直に捕まったため「五位」の官位を授かったという故事に由来する。

大きさ	L57.5㎝
分布	留鳥として本州以南に分布し、東北地方以北では夏鳥として渡来。北海道では少ない
環境	河川や湖沼、海岸

ペリカン目サギ科

27

ササゴイ
（笹五位）

学 *Butorides striata*
英 Striated Heron

- 大きさ　L52cm
- 分布　夏鳥として主に本州から九州に渡来。九州南部では一部越冬、南西諸島で冬鳥
- 環境　河川、湖沼、池、水田

ゴイサギ同様、都市部の川や公園の池にいることもある

小規模のコロニーを作って繁殖することが多い。幼鳥は体が濃い褐色で、下面に縦斑がある

雨覆と風切の笹の葉模様がポイント

見る　雌雄同色。額から頭部は青みのある黒色、体は青灰色。雨覆と風切は黒褐色で、白い羽縁がある。これを笹の葉に見立てたのが名前の由来。後頭に長い冠羽がある。

知る　主に夕方から活動するが、日中もよく活動する。魚類や甲殻類、昆虫などを食べ、堰堤や石に止まって器用に魚を捕らえる姿が見られる。木の葉などの疑似餌を水面に落とし、それに集まる魚を捕える個体も観察されている。

アカガシラサギ
（赤頭鷺）

学 *Ardeola bacchus*
英 Chinese Pond Heron

- 大きさ　L45cm
- 分布　旅鳥か冬鳥として主に南西諸島に渡来。他地域の記録もある
- 環境　湿地や水田、湖沼、河川、干潟

成鳥夏羽。この美しい夏羽を見る機会はあまり多くない

成鳥冬羽。夏羽とは一転、地味な羽色になる。沖縄では見る機会が比較的多い

夏羽が個性的。南西諸島で見る機会が多い

見る　雌雄同色。夏羽では頭部から胸にかけて赤褐色で、名前はこの羽色に由来する。背は濃い青灰色で、下面は白い。後頭には冠羽がある。冬羽では頭部から首、胸にかけて淡褐色で縦斑があり、背は黒褐色。翼は夏冬とも白い。

知る　南西諸島では見る機会が多い。また本州でも越冬例があり、熊本県や秋田県、千葉県では繁殖例もある。繁殖時はコロニーを作り、他種のコロニーに混じることもある。

ペリカン目サギ科

成鳥夏羽。他のサギ類に比べ群れで行動することが多い。コロニーで繁殖し、他種との混成コロニーも作る

アマサギ（猩猩鷺、飴鷺、黄毛鷺） ★

学 *Bubulcus ibis* **英** Cattle Egret

飴色に染まった夏羽を持つ小さな白鷺

見る いわゆるシラサギ類では最小。雌雄同色で、夏羽では頭部から首、背に橙黄色の飾り羽がある。冬羽は全身が白色。足は黒いが繁殖期には赤みを帯びる。嘴は橙黄色。名前は夏羽の橙黄色を、飴色に例えたもの。

知る 分布を北に拡大中で、北海道では道東でも確認され、道南では繁殖の可能性もある。他のサギ類より乾燥した草地を好み、昆虫やカエル、トカゲなどを食べる。トラクターや牛の周りに群れ、飛び出したり掘り出された昆虫などを食べることもある。

大きさ	L51cm
分布	夏鳥として主に本州以南に渡来し、九州・南西諸島では多くが越冬。北海道でも渡来数が増えている
環境	水田、湿地、休耕地、牧草地

ペリカン目サギ科

▲成鳥夏羽。草地や放牧地でもよく見かける
◀成鳥冬羽。南西諸島では多くが越冬する

▲亜種チュウダイサギ夏羽。レースのような美しい飾り羽が出るのが特徴

▼水辺にたたずむ亜種チュウダイサギ

亜種チュウダイサギ冬羽。一部は冬も残る

亜種ダイサギ冬羽。冬鳥として渡来

ダイサギ（大鷺）

英 Great Egret　学 Ardea alba

夏と冬で見られる亜種が替わる大きな白鷺

見る シラサギ類で最大になるが、亜種チュウダイサギはアオサギより小さく、亜種ダイサギはアオサギと同じかやや大きい。雌雄同色で、全身が白色。夏羽では胸や背に長い飾り羽がある。嘴は黒く、目先は青緑色。特に繁殖期は目先の色が濃くなり、虹彩や足が赤みを帯びる。冬羽では嘴は黄色く、目先も黄緑色。

知る 日本では亜種チュウダイサギが夏鳥として渡来して繁殖、冬になると多くは南下。大陸から亜種ダイサギが越冬のため渡来する。魚類やカエル、甲殻類などを食べる。

大きさ L90cm
分布 夏鳥として関東地方以南に渡来し、一部は冬も残る。冬鳥として渡来するものもいる。北日本、南西諸島では冬鳥
環境 河川、湖沼、水田、湿地、干潟

ペリカン目サギ科

満開になったホテイアオイの中に舞い降りた夏羽の成鳥。市街地の小さな川など、身近な環境でも見られる

成鳥夏羽。背や胸に飾り羽がある

成鳥冬羽。冬は下嘴が少し淡色になる

コサギ（小鷺）

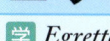

| 学 | *Egretta garzetta* | 英 | Little Egret |

一番身近な白鷺。多彩な捕食法に注目

見る 体の小さなシラサギ類。雌雄同色。全身白色で嘴は黒い。足も黒いが足指だけが黄色い。夏羽では後頭に2本の長い冠羽と、胸や背に飾り羽がある。繁殖期は目先が赤くなり、足も赤みを帯びる。

知る 留鳥として繁殖するが、冬は国内の暖地や東南アジアに移動するものもいる。小魚やカエル、昆虫などを食べる。小走りで獲物を追ったり、足で水をかき回して獲物を追い出したり、水につけた嘴の先端を素早く開閉して波紋を起こし獲物を誘うなど、多様な採餌法を用いる。

- 大きさ　L61cm
- 分布　留鳥として主に本州以南に分布。一部は漂鳥または夏鳥。北海道では稀な夏鳥
- 環境　水田、河川、湖沼、湿地、干潟

ペリカン目サギ科

チュウサギ（中鷺）

- **学** *Egretta intermedia*
- **英** Intermediate Egret
- **大きさ** L69cm
- **分布** 夏鳥として本州以南に渡来。北海道では稀。西南日本では一部が越冬する
- **環境** 草地、水田、湿地、河川、湖沼
- NT（準絶滅危惧）

成鳥夏羽。繁殖期になると目先は黄緑色になる

＊頭掻きをする冬羽の成鳥。口角が目を超えないことも、ダイサギとの区別点になる

体の大きさが中型の白鷺。草地を好み、嘴が短い

見る ダイサギとコサギの中間の大きさ。ダイサギと比べて首や足が短く、コサギに比べても嘴が短い。雌雄同色で全身白色。夏羽では胸や背に飾り羽がある。嘴は黒く、目先は黄色。冬羽では嘴は黄色くなり、先端が黒いものもいる。目先は淡い黄緑色。

知る 干潟や開けた河川に出ることは少なく、水田や草地に多い。昆虫やカエルなどを食べる。他のサギ類と混成コロニーを作り繁殖する。

カラシラサギ（唐白鷺）

- **学** *Egretta eulophotes*
- **英** Chinese Egret
- **大きさ** L65cm
- **分布** 旅鳥または冬鳥として主に九州以南に渡来
- **環境** 海岸、干潟、河川、湖沼、水田
- NT（準絶滅危惧）

成鳥夏羽。大きさも行動もコサギに似るが、夏羽は見分けが容易

成鳥冬羽。コサギとの区別が難しいが、嘴の基部は黄色く、目先が黄緑色なのが特徴

フサフサした冠羽がトレードマークの白鷺

見る 雌雄同色で全身が白色。夏羽では後頭にフサフサした冠羽があり、胸や背には飾り羽がある。嘴は橙黄色で、目先は青っぽい。冬羽では嘴が黒くなるが、基部は黄色い。足は黒く足指が黄色い。

知る 繁殖地が朝鮮半島や中国南部に限られ、個体数も少ない。日本では北から南まで各地で記録され、西南日本ほど多い。魚類や甲殻類などを食べる。獲物を追い立てるようにして捕らえることもある。

頭掻き：足でおこなう頭部の羽繕い。種類によって足を腹側から伸ばす直接頭掻きや、翼越しに伸ばす間接頭掻きをおこなう

黒色型成鳥。この個体は喉が白っぽいが、黒い個体もいる。後頭の飾り羽はオスの方が長い傾向がある

クロサギ（黒鷺） ★★

学 *Egretta sacra*　英 Pacific Reef Heron

名前とは裏腹の羽色が白い黒鷺もいる

見る 雌雄同色。黒色型と白色型がある。黒色型は煤けた印象の灰黒色。白色型は全身白色。両型とも嘴は黒褐色や黄褐色と変異に富む。白色型も個体差が大きいが黄色っぽいものが多く、足指は黄色みが強い。後頭や首、背に飾り羽がある。白地に黒い羽毛が混ざる中間型もいる。

知る 白色型は南西諸島のサンゴ礁域に行くほど増えるが、沖縄でも黒色型は見られる。主に足元を波が洗うような岩場で魚類や甲殻類などを食べる。浜辺や干潟、河口でも見られるが内陸にはいない。

- 大きさ　L62cm
- 分布　留鳥として主に本州中部以南に分布し、東北地方では夏鳥として渡来。北海道でも記録がある
- 環境　海岸、干潟

ペリカン目サギ科

飛翔する黒色型

黒色型と白色型。中間型は日本ではごく稀

白色型成鳥。獲物の魚を捕らえた

▲獲物の魚を捕らえた成鳥。写真のように嘴で突き刺して捕らえることも多い

▼コロニーの巣に止まる親子

飛ぶと青灰色の雨覆と黒い風切の差が明瞭

激しく争う2羽の成鳥

 ★

アオサギ（蒼鷺）

英 Grey Heron　学 *Ardea cinerea*

ペリカン目サギ科

ツルに間違えられることもある大型のサギ

見る 雌雄同色。顔は白く目から後頭に黒帯があり、そのまま冠羽につながる。上面は青灰色で、背に淡灰色の飾り羽がある。前頸には縦斑がある。嘴と足は黄褐色。目先は黄緑色。繁殖期は目先と足が赤色を帯びる。幼鳥は冠羽がなく、灰色みが強い。

知る 海辺から淡水域まで幅広く生息。鳴きながら飛ぶ姿を見ることも多い。主に魚類や甲殻類、カエルなどを食べる。繁殖場所には他のサギに先んじて現れる。混成コロニーを作ることもあるが、単独コロニーを作ることが多い。

大きさ	L93cm
分布	本州から九州で留鳥。北海道では主に夏鳥、南西諸島では冬鳥として渡来する
環境	海岸、干潟、河川、湖沼、水田

ペリカン目サギ科

成鳥。嘴と首が長く、S字状に首を伸ばす様子はヘビを思わせる

ムラサキサギ
（紫鷺）

- 学 *Ardea purpurea*
- 英 Purple Heron

大きさ L79cm
分布 留鳥として南西諸島に分布
環境 水田、湿地、河川

いろいろな動物を食べる。写真はカルガモの雛を捕らえたところ

全体に紫色を帯びる南方系の大型サギ

見る 雌雄同色。頭部から後頸が黒く、後頭に2本の冠羽がある。顔から首は黄褐色で、黒い縦帯がある。背から上面は灰黒色。背や首の付け根に青灰色や栗色の飾り羽がある。嘴と足は黄褐色。

知る 石垣島、西表島では普通に見られる。近年は宮古諸島の池間島でも繁殖し、本州に迷行することもある。水田や湿地、マングローブにいて、魚類やカエル、ヘビ、甲殻類の他、ネズミまで食べる。

ペリカン目トキ科

羽繕いする幼鳥。嘴は全体に肉色を帯びる

ヘラサギ
（篦鷺） ★★★

- 学 *Platalea leucorodia*
- 英 Eurasian Spoonbill

大きさ L83cm
分布 冬鳥または旅鳥として九州などに渡来
環境 干潟、水田、湿地、河川、湖沼

DD（情報不足）

若鳥冬羽。クロツラヘラサギと似ているが、嘴の先は黄色く、目先も白っぽい

長いへら形の嘴を持つユーモラスな水鳥

見る 雌雄同色で、全身が白色。夏羽では後頭に橙黄色の冠羽があり、首から胸が橙黄色になる。目先も黄色い。冬羽は冠羽や胸の橙黄色がなく、目先も白っぽい。先端がへら形をした嘴は黒く、先端の上面が黄色い。

知る 毎年、数羽が各地に渡来するが少ない。1970年代までは、鹿児島県出水市に少数が毎年越冬のため渡来していた。魚類や水生昆虫、貝類、甲殻類などを食べる。

成鳥夏羽。顔の裸出部が黒いことが特徴だが、写真の個体のように目先に黄色斑が出る個体もいる

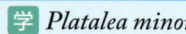 ★★★ **クロツラヘラサギ**（黒面篦鷺）

英 Black-faced Spoonbill　学 *Platalea minor*

世界的稀少種でも見るチャンスは増加中

見る ヘラサギに似るが、やや小さい。雌雄同色で、全身が白色。名前の通り、顔の裸出部が黒いことが特徴。嘴も全体が黒い。夏羽では後頭に橙黄色の冠羽があり、首から胸も橙黄色になる。

知る 朝鮮半島や中国の一部でしか繁殖せず、世界の個体数は約2000羽とされる。日本では毎年約200羽が越冬し、増加傾向。九州以南の渡来が多いが、東京湾での記録もある。ヘラサギ同様、浅瀬を歩きながら嘴を左右に振る独特の採餌法で、魚類や甲殻類などを食べる。

大きさ	L77cm
分布	冬鳥または旅鳥として各地に渡来し、九州や沖縄では比較的多く、少数が越冬する
環境	干潟、水田、湿地、河川、湖沼

CR（絶滅危惧IA類）

九州や沖縄を中心に越冬。小群が見られることも

成鳥冬羽。大きなボラを捕らえた。独特の採餌法にも注目

ペリカン目トキ科

成鳥生殖羽。このような羽色の変化は鳥類では珍しく、昔は別のタイプと思われていた。国の特別天然記念物

成鳥冬羽。嘴は下に湾曲する

放鳥された成鳥。緑色は識別用のマーキング

稀な冬鳥として渡来するクロトキ（*Threskiornis melanocephalus*）。トキの近縁種で、顔の裸出部が黒いことなどが特徴

トキ（朱鷺） ★★★

| 学 | *Nipponia nippon* | 英 | Japanese Crested Ibis |

ニッポニアニッポン。野生絶滅から復活へ

見る 雌雄同色。顔の裸出部が赤い。全身ほぼ白いが、翼や尾などは淡い橙赤色（朱鷺色）。繁殖期には頸部から出る分泌物を塗りつけ、頭や背、肩羽などが灰黒色になる。

知る 昔はほぼ全国に分布していたが、明治以降激減し、2003年に日本産最後の個体「キン」が死亡。2008年より佐渡島で人工増殖した中国産個体の子孫を野生復帰のため放鳥している。野生個体は中国の一部に約700羽のみ生息。水田や湿地でドジョウやカエル、昆虫などを食べる。

大きさ L77cm

分布 新潟県佐渡島で野生復帰のため放鳥。放鳥個体は佐渡島内と北陸、東北地方などに滞在

環境 水田、湿地

EW（野生絶滅）、特別天然記念物

ペリカン目トキ科

37

若鳥。翼に褐色み、嘴に赤みがある。本種は世界的希少種。日本では特別天然記念物であり、1965年から保護増殖を進めている

コウノトリ（鸛）

英 Oriental Stork　学 Ciconia boyciana

★★★

大きさ	L112cm
分布	稀な冬鳥または旅鳥として各地に渡来する。兵庫県豊岡市周辺で野生復帰中
環境	河川、水田、湿地、湖沼

CR（絶滅危惧ⅠA類）、特別天然記念物

弥生時代から親しまれてきた日本の鳥

見る 体が大きく、ツルに間違えられやすい。昔から描かれる「松に鶴」も本種の誤認。雌雄同色で頭から背、肩羽、下面は白く、雨覆や風切が黒い。嘴は黒く、足は赤色。

知る 弥生時代の水田跡から足跡が見つかるなど、江戸時代までは全国に生息していた。現在、国内の繁殖個体群は絶滅し大陸産亜種が稀に渡来する。2005年から兵庫県豊岡市で野生復帰に向けて飼育増殖個体を放鳥し、野外繁殖にも成功している。魚類や小動物を食べる。繁殖期には嘴を打ち鳴らして求愛する。

飛ぶと下面の白と風切の黒とのコントラストが明瞭

水辺で魚類やカエル、甲殻類、ネズミなどを食べる

コウノトリ目コウノトリ科

飛び立つ群れ。首が短めなのも特徴。他のガン類より低い声で、グルルルと鳴く

コクガン（黒雁） ★★★

学 *Branta bernicla*　英 Brent Goose

海岸に群れで飛来し越冬する黒くて小さなガン

見る　小型のガン類で、カルガモほどの大きさ。頭部から胸、腹は黒色で、首の上部に白い輪模様がある。上面は黒褐色で、幼鳥や若鳥は淡色の羽縁が目立ち、脇には白黒の縞模様がある。下腹部と上尾筒は白い。嘴と足は黒色。

知る　他のガン類とは異なり生息場所は基本的に海岸で、内陸の水域には入らない。函館湾や陸奥湾、松島湾などに有名な渡来地があるが、それ以外でも各地に少数が渡来する。アマモなどの海草やアオサ類やアマノリ類などの海藻を食べる。国の天然記念物。

大きさ	L61cm
分布	冬鳥として主に北海道東・南部、東北地方北部に渡来し、少数は東海地方などにも渡来する
環境	海岸、内湾、干潟

VU（絶滅危惧Ⅱ類）、天然記念物

カモ目カモ科

成鳥。日本産ガン類で唯一、海岸で生活する

幼鳥。成鳥に比べ淡色。首輪模様がないものもいる

シジュウカラガン
（四十雀雁） ★★★

| 学 | *Branta hutchinsii* |
| 英 | Canada Goose |

- 大きさ　L55〜67cm
- 分布　ごく稀な冬鳥として渡来する
- 環境　河川、湖沼、内湾
- CR（絶滅危惧ⅠA類）

亜種シジュウカラガン。名前は羽色をシジュウカラに見立てたもの

亜種ヒメシジュウカラガン。亜種シジュウカラガンより小さく嘴も短い。また首輪模様もない

黒い頭に白い頬が特徴の稀少なガン

見る　雌雄同色。頭部から首は黒色、頬から喉が白く、首の付け根には白い首輪模様がある。背から上面は黒褐色で淡色の羽縁が目立つ。胸から腹は灰褐色、上下尾筒は白い。

知る　昭和初期までは宮城県に多くが越冬していたが、現在では稀に渡来し、マガンなどの群れに混じる。また飼育されていた別の大型亜種（区別する意味でカナダガンと呼称）が関東南部や東海地方で野生化し問題になっている。

カリガネ
（雁金） ★★★

| 学 | *Anser erythropus* |
| 英 | Lesser White-fronted Goose |

- 大きさ　L58cm
- 分布　冬鳥として宮城県伊豆沼ほかに渡来する
- 環境　湖沼、水田
- NT（準絶滅危惧）

成鳥。植物食で、水田などで落ち穂や草などを食べる

飛び立つ成鳥。小群で行動していることが多い。飛び立つとオレンジ色の足がよく目立つ

マガモほどの小さなガンで姿はマガンに似る

見る　日本産ガン類で最小でマガモほどの大きさ。雌雄同色。羽色はマガンに似るが、嘴は短くてピンク色。基部の白色部も大きい。黄色いアイリングがある。幼鳥は全体に淡色で、顔の白色部も小さい。

知る　宮城県の伊豆沼、蕪栗沼に毎年複数が渡来する。それ以外の地域では稀に渡来する程度。マガンなどとともに行動することが多い。マガンより甲高いキーキー、キュウキュウという声で鳴く。

カモ目カモ科

40

早朝にねぐらを出立する群れ。カハハンカハハンと鳴きながら隊列を組み、*竿になり鉤になりながら四方に散っていく

成鳥。国の天然記念物でもある

幼鳥。額の白色部が小さく、腹の横斑も少ない

稀に渡来する亜種オオマガン。マガンより大きく、羽色が濃いめなのが特徴

マガン（真雁） ★★

学 *Anser albifrons* **英** Greater White-fronted Goose

早朝のねぐら立ちは晩秋の風物詩で見物

見る 雌雄同色。頭部から上面は暗灰褐色。背や翼には淡色の羽縁がある。胸から腹は淡色で黒色の横斑がある。下腹、上下尾筒は白色、尾は黒褐色で先が白い。嘴は桃色や橙色で基部から額が白い。

知る 東北地方から日本海側を中心に渡来し、主に伊豆沼、蕪栗沼、片野鴨池、琵琶湖、宍道湖に多数が越冬する。伊豆沼の渡来数は約6万羽に達し、集中化が懸念される。湖沼にねぐらをとり、早朝、一斉に飛び立ち採餌に向かう。日中は家族群ごとに水田などで落ち穂や草を食べる。

大きさ L72cm
分布 冬鳥として東北地方や日本海側に渡来、東北地方北部以北では旅鳥
環境 湖沼、池、水田、湿地
NT（準絶滅危惧）、天然記念物

カモ目カモ科

*空を飛ぶガン類の群れや、その形（雁行）を、昔からこう例える

亜種オオヒシクイ。*タイガ地帯で繁殖し、大型で首が長い。亜種ヒシクイはさらに北のツンドラ地帯で繁殖する

尾脂腺の脂を使って羽繕いする。常に水に濡れる水鳥にとっては大切な日課だ

マガン同様、鉤形に編隊を組んで飛ぶ

亜種ヒシクイ。体形の違いに注目

ヒシクイ（菱喰）

英 Bean Goose　学 *Anser fabalis*

★★

額に白色部がないことと嘴の橙黄色が目印

大きさ	L85cm
分布	冬鳥として主に北日本に渡来、東北地方北部以北は旅鳥
環境	湖沼、水田、湿地

VU（絶滅危惧Ⅱ類）：ヒシクイ、NT（準絶滅危惧）：オオヒシクイ、天然記念物

見る マガンより大きい。雌雄同色で、頭部から上面、胸、脇は黒褐色で、背や翼は淡色の羽縁がある。腹から上下尾筒は白色。嘴は黒く、先端近くに橙黄色部がある。

知る 主に2亜種が渡来し、大きくて首の長い亜種オオヒシクイが約8割、残りが亜種ヒシクイ。亜種ヒシクイは嘴が太くて短く、首も短い。内陸の湖沼を好み、主な渡来地は伊豆沼、福島潟、片野鴨池、琵琶湖、宍道湖、化女沼、霞ヶ浦など。水辺の草や植物種子などを食べ、ヒシの実を食べることが名前の由来。

カモ目カモ科

タイガとツンドラ：タイガは亜寒帯の針葉樹林。ツンドラは寒帯の永久凍土地帯で、南の地域では夏にコケ類や草が育つ。

ハクガン
（白雁）
★★★

学 *Anser caerulescens*　英 Snow Goose

大きさ	L67cm
分布	稀な冬鳥として主に東北地方や北海道などに渡来する
環境	湖沼、河川、内湾

DD（情報不足）

成鳥

稀に渡来する真っ白い羽色の美しいガン

見る 雌雄同色で、全身が白色。初列風切のみが黒い。嘴と足はピンク色。胸から腹や背が暗青灰色をした青色型のアオハクガンもいる。また、より体が大きい亜種オオハクガンの記録もある。

知る 明治初期まで東京湾に多数渡来していたらしい。現在の渡来数は少ないが、小群で現れることもある。他のガン類の群れに混じることが多い。

ハイイロガン
（灰色雁）
★★★

学 *Anser anser*　英 Greylag Goose

大きさ	L84cm
分布	ごく稀な冬鳥として渡来
環境	湖沼、河川、水田

成鳥

稀に渡来する灰色をした大型ガン

見る 大型のガン類。雌雄同色。頭から上面、尾は灰褐色で、背や翼には淡色の羽縁がある。胸から腹は灰色で、下腹から尾筒は白色。脇や腹には淡褐色の横斑がある。嘴と足はピンク色。

知る 定期的な渡来地はなく、渡来数もごく少ない。他のガン類に混じらず、同じ場所にいても単種、単独で行動することが多い。ガチョウの原種。

サカツラガン
（酒面雁）
★★★

学 *Anser cygnoides*　英 Swan Goose

大きさ	L87cm
分布	稀な冬鳥または旅鳥として主に西日本に渡来
環境	湖沼、河川、湿地

DD（情報不足）

成鳥

ツートンカラーの顔をした大型ガン

見る 日本産ガン類で最大。雌雄同色で、頭から後頸は茶褐色、前頭は淡褐色。背から上面は黒褐色で、淡色の羽縁がある。脇には横斑がある。

知る 1950年頃まで千葉県新浜に約100羽が渡来していたが、現在は各地に稀に渡来する。西日本で多く、沖縄にも渡来する。マガンなどの群れに混じることが多い。シナガチョウの原種。

カモ目カモ科

43

渡りの中継点である屈斜路湖で羽を休める群れ。厳冬期は寒すぎるため、より南へ移動して越冬する

ハクチョウの親子。通常4～7卵を産む。雛や幼鳥は羽毛が灰色みを帯びる

体が大きく飛翔姿や着水時は迫力がある

成鳥。嘴の黄色部が尖って見える

オオハクチョウ（大白鳥）

英 Whooper Swan　　学 *Cygnus cygnus*

シベリアから渡来する白き冬の使者

カモ目カモ科

見る コハクチョウより一回り大きく、体重が10kgにも及ぶ。雌雄同色で全身白色だが、頭部や首が黄褐色を帯びる個体もいる。嘴は先端が黒く、黄色い上嘴基部の先端が尖っているのが特徴。

知る 北海道や日本海側に多い。風蓮湖、大湊・小湊、伊豆沼、猪苗代湖、瓢湖、宍道湖などの越冬地が知られ、そのいくつかは天然記念物に指定されている。日本への渡来数はコハクチョウと合わせて約5万羽。主に水生植物を食べるが、水田で草の種子や落ち穂を食べることもある。

大きさ	L140cm
分布	冬鳥として本州以北に渡来する
環境	湖沼、河川、内湾

特別天然記念物（青森県小湊）、天然記念物（新潟県水原、福島県猪苗代湖）

一斉に飛び立つコハクチョウ。体が重いため、水面を蹴って長い助走で勢いをつけてから飛び立つ

成鳥。嘴の黄色部は尖らない

飛翔。コォーコォーと鳴きながら飛ぶことも

幼鳥は全体に灰色みがある。ハクチョウ類はその年生まれの幼鳥を含む家族群で渡来するものも多い

コハクチョウ（小白鳥） ★★

学 *Cygnus columbianus* **英** Tundra Swan

美しく優雅さも備えた姿は一見の価値あり

見る オオハクチョウに似るが一回り小さい。雌雄同色。全身が白く、頭や首に黄褐色みがある個体もいる。上嘴は黄色部の先端が尖らず、丸いか角張ることがオオハクチョウとの区別点になる。稀な亜種アメリカコハクチョウは嘴が黒く目先だけ黄色い。

知る オオハクチョウよりも南まで渡る傾向があり、中部や近畿、中国、九州地方にも渡来する。オオハクチョウ同様、逆立ち姿勢で水中に首を伸ばし、水生植物を食べる。また越冬地では草や落ち穂を食べ、給餌にも集まる。

大きさ L120cm
分布 冬鳥として本州以北に渡来する
環境 湖沼、河川、内湾
天然記念物（新潟県水原、福島県猪苗代湖）

カモ目カモ科

45

ツクシガモ
（筑紫鴨） ★★★

学 *Tadorna tadorna*
英 Common Shelduck

- 大きさ L62.5㎝
- 分布 冬鳥として西日本、主に九州・有明海に渡来
- 環境 干潟、内湾、水田

EN（絶滅危惧ⅠB類）

採餌中の成鳥オス。近年、西日本各地に分散傾向にあり、諫早湾干拓の影響も指摘されている

成鳥オス。初列雨覆と初列風切が黒く、飛ぶとコントラストが明瞭

干潟を好むカモ。有明海が有名な越冬地

見る オスは頭部から首上部、肩羽、胸から腹の縦線が緑色光沢のある黒色。背から胸に栗色の帯がある。嘴は赤く、繁殖期は基部にこぶが出る。メスは色が鈍い。幼鳥や若鳥は嘴基部に白線がある。

知る 干潟を好む。「筑紫」の名前は九州北部に多いことにちなむ。有明海が有名。干潮時、浅瀬や泥の上を嘴で探り、甲殻類や貝類、海藻などを食べる。逆立ち姿勢で水中に首を伸ばすこともある。

アカツクシガモ
（赤筑紫鴨） ★★★

学 *Tadorna ferruginea*
英 Ruddy Shelduck

- 大きさ L63.5㎝
- 分布 数少ない冬鳥として各地に渡来
- 環境 湖沼、干潟、水田

DD（情報不足）

飛翔する成鳥オス。ツクシガモ同様に、羽色のコントラストが明瞭で見分けやすい

のびをする*第一回冬羽オス。水の中より陸地で採餌することが多い

赤みのある羽色をしたツクシガモの仲間

見る 大型のカモで、オスは体が橙赤色。頭部は白っぽく、黒い首輪模様がある。風切は黒色。雨覆が白いため、飛ぶとコントラストが明瞭。嘴と足も黒い。メスは頭部がより白く、首輪模様がない。

知る 主に関東地方以西に渡来。1～2羽が普通だが、稀に10羽ほどの小群も現れる。水面で逆立ち姿勢の採餌もおこなうが、水田や畑、干潟で採餌することが多い。草やその種子、小動物などを食べる。

*若鳥の最初の冬羽。成鳥羽になるまで数年かかり、換羽ごとに羽色が変化する場合、夏羽冬羽とも第一回〜、第二回〜と呼ぶ

オス（右）とメス。夫婦仲が良いことを「鴛鴦の契り」というが、つがい関係は繁殖が終わると解消される

オシドリ（鴛鴦）

★★

学 *Aix galericulata*　英 Mandarin Duck

夫婦愛の象徴もオスは派手好きな羽色

見る オスは特徴的な羽色。顔には勾玉形の白色部、後頭には冠羽、頬から首に飾り羽がある。三列風切の内弁は帆のように大きく、その形から銀杏羽とも呼ばれる。メスは全体に灰褐色で、下面は灰白色の斑紋がある。

知る 主に山間の渓流や湖沼に生息し、水辺にある大木の樹洞で繁殖する。冬は暖地へ移動し、大きな群れになることもある。ダム湖や都市公園の池でも見られる。ドングリなどの果実を好み、他に水生植物や昆虫なども食べる。木の枝に止まることも多い。

大きさ	L45cm
分布	本州中部以北で繁殖し、東北地方以北では夏鳥。冬は西日本に多い
環境	湖沼、池、河川（渓流域）

DD（情報不足）

カモ目カモ科

▲オスのエクリプス羽。メスに似るが嘴が紅色
◀冬は大きな群れを作って過ごすことも多い

成鳥メス。繁殖期はペアで過ごすが、冬は群れを作り大群になることもある。グェッと鳴く

カルガモ（軽鴨）

英 Spot-billed Duck　学 *Anas zonorhyncha*

大きさ	L61cm
分布	留鳥として全国に分布。北海道では主に夏鳥として渡来する
環境	湖沼、池、河川、海岸、干潟

夏でも普通に見られる。親子連れが愛らしい

見る 雌雄ほぼ同色だが、オスはやや羽色が濃い。顔は淡色で、頭部と過眼線、頬線は黒褐色。体は黒褐色で淡色の羽縁が模様を作り、三列風切の外弁が白く、翼鏡は青い。嘴は黒色で先端は黄色。

知る 日本産カモ類で唯一、留鳥として分布。淡水域に広く見られ、小さな河川や公園の池などでも見られる。淡水ガモの仲間だが干潟にも現れる。逆立ち姿勢で水中に首を伸ばし水生植物を食べる他、陸上で草の葉や種子などを食べる。近年、人に近い環境で繁殖するものが増えている。

親子。数羽の雛を連れてゆく姿は、愛らしく人気を集める

成鳥オス。メスより羽色の黒褐色みが濃い

カモ目カモ科

淡水ガモ①：河川や湖沼に多く生息。水面か、水中に首を伸ばして採餌する。飛び立つ時に助走をしない

オス（左）とメス。一般的には冬鳥だが、北海道の他、本州中部の山岳地で繁殖するものもいる

マガモ（真鴨）

学 *Anas platyrhynchos*　英 Mallard

青首とも呼ばれる、オスの緑色の頭が目印

見る オスは頭部が緑色光沢のある黒色。白い首輪模様があり、胸はぶどう色。他は全体に灰白色。嘴は黄色。中央尾羽がくるりと巻いているのも特徴。メスは全体に褐色で、黒褐色の斑紋がある。嘴は黒く、縁が橙赤色。

知る 湖沼や河川で普通に見られる。水生植物や種子、貝などを食べる。淡水ガモの仲間だが、海岸で海藻を食べることもある。家禽化されたアヒルやアイガモとは識別が難しく、見られた時期、場所によっては注意が必要。狩猟鳥でもあり「青首」と呼ばれる。

大きさ	L59㎝
分布	冬鳥として全国に渡来する。北海道と本州の一部で少数が繁殖
環境	湖沼、池、河川・河口、海岸

▲オスのエクリプス羽。メスに似るが嘴が黄色い
◀のびをするオス。主に昼間は休息し夜間に採餌する

カモ目カモ科

淡水ガモ②：歩きは、得意。水面では尾が水上に出ている。翼鏡を持つ。この図鑑ではP46～55のカモ

越冬中は群れで過ごす。飛ぶと緑色の翼鏡と、その上下の白線がよく目立つ

コガモ（小鴨）

英 Green-winged Teal　学 *Anas crecca*

小さなカモ。オスの求愛ディスプレイに注目

大きさ	L37.5cm
分布	冬鳥として全国に渡来。北海道と本州の一部で少数が繁殖する
環境	湖沼、池、河川

見る 日本産淡水ガモ類で最小。オスは頭部が栗色で、目の周りから後頸が緑色。体は灰色で、白い肩羽の外縁が体側で白い縦帯を作る。下尾筒は黒く、側面に黄白色斑がある。メスは全体に褐色で、黒褐色の斑紋がある。稀に渡来する亜種アメリカコガモは、オスの体に白い縦帯がなく、胸の横に白い横帯がある。

知る 各地の淡水域で普通に見られ、細い河川でも見られる。主に水生植物を食べる。首を伸ばしたり、体を伸ばし首を縮める、オスの求愛ディスプレイが観察しやすい。

成鳥オス。ピリッピリッと鳴く

成鳥メス。グェッグェッなどと鳴く

カモ目カモ科

50

成鳥オス。顔の模様と肩羽が特徴。植物種子などを主に食べる

トモエガモ
（巴鴨）　★★

- 学 *Anas formosa*
- 英 Baikal Teal

大きさ	L40cm
分布	冬鳥として本州以南に渡来。日本海側に多い
環境	湖沼、池、河川

VU（絶滅危惧Ⅱ類）

成鳥メス。頭部は目の上まで黒褐色で、過眼線は目の後方にだけある

巴＝水が渦を巻くような模様の顔を持つ

見る オスは顔が黄白色と緑色、黒色の巴形のような模様で、これが名前の由来。肩羽の数枚は長く、黒と白、栗色でよく目立つ。また胸の横に白色横帯がある。メスは全体に褐色で、頬は白っぽく、嘴の基部に白斑がある。

知る 渡来数は日本海側で多く、太平洋側で少ない傾向がある。年によって大きな群れが見られるが、渡来数は減少している。警戒心がとても強く、接近には注意が必要。

オス生殖羽。水生植物や種子などを主に食べる

シマアジ
（縞味）　★★★

- 学 *Anas querquedula*
- 英 Garganey

大きさ	L38cm
分布	旅鳥として各地に渡来。繁殖例や越冬例もある
環境	湖沼、池、河川、水田

成鳥メス。コガモのメスに似るが、眉斑が明瞭や黒い嘴、嘴基部にある白斑が特徴

明瞭な白い眉斑を持ったカモ

見る オスは、太くて後頸まで伸びる白い眉斑が目立つ。白くて黒い波紋のある脇や、白と黒の肩羽も特徴。メスは全体に褐色で、顔は淡色の眉斑と頬線が、また体は淡色の羽縁が明瞭。嘴は黒い。

知る 渡来数は少なく、コガモの群れに混じることもある。北海道や愛知県で繁殖例があり、八重山諸島の一部で越冬する。名前の「アジ」は味が良いことを意味し、トモエガモの古名「味鴨（あじがも）」が由来。

カモ目カモ科

成鳥メス。よく似たアメリカヒドリのメスは、顔が灰色っぽく脇羽が白い

エクリプス羽。メスに似るが、羽色に赤みが強く、雨覆が白い

成鳥オス。ピューピューと独特の声で鳴く

ヒドリガモ（緋鳥鴨）

英 Eurasian Wigeon　学 *Anas penelope*

頭の羽色を緋色に例えたのが名前の由来

- 大きさ　L48.5cm
- 分布　冬鳥として全国に渡来する
- 環境　湖沼、池、河川、海岸、干潟

見る 他のカモ類より首と嘴が短い。オスは頭部が茶褐色で、額から頭頂がクリーム色。胸は赤紫色みのある褐色で体は灰色。雨覆は白く下尾筒は黒い。メスは他のカモより褐色みが強い。雌雄とも嘴は鉛色で、先端が黒い。

知る 渡来数は多く全国で見られるが、北日本では厳冬期は数が減る。淡水ガモの仲間だが、内陸部より河口や海岸に多い。水面や干潟で植物質のものを食べる。海藻を好み、養殖用の海苔ヒビ*に集まることもある。陸上に上がって草を食べることも多い。

アメリカヒドリ（亜米利加緋鳥）

英 American Wigeon　学 *Anas americana*

- 大きさ　L48cm
- 分布　冬鳥として全国に渡来する
- 環境　湖沼、池、河川、内湾、干潟

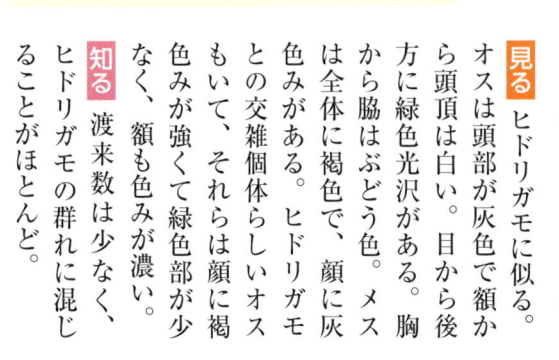

ヒドリガモの群れをしっかりチェック

成鳥オス

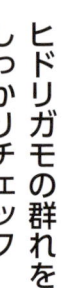

見る ヒドリガモに似る。オスは頭部が灰色で額から頭頂は白い。目から後方に緑色光沢がある。胸から脇はぶどう色。メスは全体に褐色で、顔に灰色みがある。ヒドリガモとの交雑個体らしいオスもいて、それらは顔に褐色みが強くて緑色部が少なく、額も色みが濃い。

知る 渡来数は少なく、ヒドリガモの群れに混じることがほとんど。

海苔ヒビ：浅い海中に立てた木や竹。これに網を張って海苔を養殖する

ヨシガモ（葦鴨）★★

学 *Anas falcata*
英 Falcated Teal

大きさ　L48cm
分布　冬鳥として本州中部以南に渡来。北海道では少数繁殖
環境　湖沼、池、河川、内湾

成鳥オス。独特の風貌で人気の高いカモ

成鳥メス。全体に褐色。特に目立つ特徴はないがやや暗色で、頭部も大きく見える

ナポレオン帽形の頭と鎌形の三列風切が目印

見る　オスは頭と頬線が赤紫色、目から後頭には緑色光沢がある。後頭の羽毛は長く冠羽になる。体は全体に灰色。鎌状に長く垂れた三列風切も目立つ。下尾筒は黒く、側面に黄白色の三角斑がある。

知る　渡来数はそれほど多くなく、他のカモ類の中に数羽混じることが多いが、場所によってはまとまった数になる。水生植物や草の種子などを食べる。ホイッ（その後に小さくプルル…）と鳴く。

オカヨシガモ（丘葦鴨）★★

学 *Anas strepera*
英 Gadwall

大きさ　L50cm
分布　冬鳥として全国に渡来。北海道と本州の一部で繁殖
環境　湖沼、池、河川、海岸

成鳥オス。黒い尾筒がワンポイントでよく目立つ

成鳥メス。橙色の嘴のほか、オス同様に白い次列風切も見分けのポイント

オスでも羽色は褐色系。いぶし銀の魅力があるカモ

見る　オスは頭部が褐色、体は灰色みが強くて、胸には鱗状の模様がある。腰から上尾筒が黒色で、尾は灰褐色。赤褐色の中雨覆と白い次列風切中央も目立つ。メスはマガモのメスに似るが、嘴の周囲が橙色。飛ぶと翼鏡は白く見える。

知る　渡来数は多くなく、地域差があり、中国地方などに多い。他のカモ類に比べオスの羽色が地味なのが特徴。水生植物や種子などを食べる。

カモ目カモ科

仲睦まじい様子の成鳥ペア（右がオス）。カモ類は越冬地でつがい形成をする。オスが美しい生殖羽になるのも、そのため

オナガガモ（尾長鴨）

英 Northern Pintail　学 *Anas acuta*

首と尾が長いスマートなシルエットを持つ

大きさ	Lオス75cm、メス53cm
分布	冬鳥として全国に渡来する
環境	湖沼、池、河川・河口、海岸

見る　比較的、首や体が長い。オスは頭部から後頸が黒褐色で、前頸から胸にかけての白色部が細長く食い込んでいる。肩羽は細長く蓑状で、名前の通り尾羽の中央2枚がとても長い。メスも他のカモ類に比べ尾羽が長い。

知る　渡来数は多く、海辺や都市公園の池でも見られる。餌付けをしている場所では人慣れしている。主に水生植物や草の種子、貝類などを食べ、餌付け餌のパンなどもよく食べる。首を縮めて伸び上がったり尻を上げる求愛ディスプレイも観察しやすい。

▲成鳥オス。プュルプュルと鳴く
▶交尾。求愛ディスプレイなどもよく見られる 

カモ目カモ科

54

泳ぎながら採餌する成鳥ペア（右がオス）。枠内：嘴には隙間があり、食物を濾し取るための薄板が見える

ハシビロガモ（嘴広鴨）

学 *Anas clypeata* 　英 Northern Shoveler

プランクトンが好物。幅広嘴の使い方に注目

見る 名前の通りへら状の大きな嘴が特徴。オスは頭部が緑色光沢のある黒色。胸と下腹は白く、脇と腹は赤茶色で目立つ。飛ぶと青灰色の雨覆と白い尾が目立つ。メスも嘴の特徴で見分けは容易。虹彩は黄色。メスは嘴が黄色。虹彩は茶褐色。

知る 各地に渡来するが、北海道では冬は少ない。他の淡水ガモ同様、植物質が主食の雑食で、プランクトンを好む。数羽でクルクル回るように泳ぎ、水ごと水面の食物を吸い込んで、嘴で濾し取る。比較的、動物質のものも食べ、小魚を捕らえた例もある。

大きさ	L50cm
分布	冬鳥として全国に渡来し、北海道で少数が繁殖する
環境	湖沼、池、河川・河口、海岸

カモ目カモ科

成鳥オス。クェッ、クワッなどと鳴く

エクリプス羽。メスに似るが虹彩が黄色く、雨覆は青灰色

成鳥メス。後頭に短い冠羽がある

近似種のクビワキンクロ（A. cllaris）成鳥オス。頭の形が特徴的で、冠羽がない。名前は首輪模様のあるものがいることに由来する

成鳥オス。黄色の虹彩と黒い体、白い翼帯が名前の由来

キンクロハジロ（金黒羽白）

英 Tufted Duck　学 *Aythya fuligula*

後頭部に垂れた冠羽が自慢の白黒カモ

- 大きさ　L40cm
- 分布　冬鳥として全国に渡来。北海道で少数が繁殖する
- 環境　湖沼、池、河川・河口、内湾

見る　海ガモ*の仲間。オスは脇と腹以外は黒色。頭部には紫光沢があり、後頭に冠羽がある。メスは全体に黒褐色で、脇は淡色になる。雌雄ともに虹彩は黄色で、飛ぶと白い翼帯が目立つ。稀な冬鳥のクビワキンクロはオスは冠羽がなく、頭の頂点がより後方にある。脇が灰色で腹の白色部が胸側に食い込む。メスは羽色が淡色で、虹彩は褐色。

知る　河口や内湾の他、湖沼や河川にも多く、都市公園などの池でも見られる。潜水して貝類や甲殻類などの動物、水生植物などを食べる。

アカハジロ（赤羽白）

英 Baer's Pochard　学 *Aythya baeri*

★★★

生息数5000羽以下とされる珍鳥

- 大きさ　L45cm
- 分布　数少ない冬鳥として北海道から九州に渡来する
- 環境　湖沼、池、河川

DD（情報不足）

成鳥オス

見る　オスは頭部から首が緑色光沢のある黒色。喉に白斑がある。胸は赤褐色、上面は暗褐色、脇褐色で、下面は淡色。嘴の基部に淡褐色斑がある。虹彩は白色。飛ぶと白い翼帯が目立つ。メスは頭部から上面が黒褐色、下面は淡色。

知る　東アジアの一部でのみ繁殖する希少種。キンクロハジロやホシハジロに混じることが多い。

海ガモ①：海や内湾、河口に多く生息。潜水して採餌する。飛び立つ時には助走する。歩くのは苦手

成鳥オス。雌雄ともに虹彩は黄色。嘴は青灰色で、先端にある嘴爪（爪状の突起）が黒い

成鳥メス。嘴基部の白色部が特徴

休息する群れ。カモ類の中でも渡来数が多い

近似種のコスズガモ（*A. affinis*）成鳥オス。スズガモに酷似するが、頭が尖り、後頭部に段がある。嘴爪は直線的になる

スズガモ（鈴鴨）

学 *Aythya marila*　英 Greater Scaup

内湾に多数群れるカモ。その羽音は鈴の音色

見る オスは頭部が緑色光沢のある黒色で、胸も黒い。背は白地に細かい波形模様があり、脇から腹は白色。上下尾筒と尾は黒色。メスは頭部が黒褐色で、嘴の基部に白色部がある。体は褐色。飛ぶと幅の広い白い翼帯がある。

知る 渡来数は非常に多く、海底が泥質の内湾などに多い。大きな群れを作り、東京湾の三番瀬など数万羽が渡来する場所もある。海に近い淡水域でも見られる。潜水して主に二枚貝を食べる。飛び立つ羽音が金属質で、名前はそれを鈴に例えたもの。

- 大きさ　L45cm
- 分布　冬鳥として全国に渡来する
- 環境　河口、内湾、港湾

カモ目カモ科

海ガモ②：水面では尾を水につけていることが多い。翼鏡はないものが多い。この図鑑ではP56〜61のカモ

成鳥メス。目の前や後ろに淡色部がある。クルッ、キュッなどと鳴く

稀に渡来する近似種のオオホシハジロ (*A. valisineria*) 成鳥オス。ホシハジロより体が大きくて、嘴も大きく全体が黒色。数少ない冬鳥として渡来する

成鳥オス。エクリプス羽は生殖羽より全体に色みが鈍い

ホシハジロ（星羽白）

英 Common Pochard　学 *Aythya ferina*

淡水域で見られる海ガモの仲間。頭部が赤茶色

- 大きさ　L45cm
- 分布　冬鳥として全国に渡来。北海道で少数が繁殖する
- 環境　湖沼、池、河川・河口、内湾

見る　オスは頭部から首が赤茶色。胸と、腰から上下尾筒が黒色。背から腹は灰色で、細かい模様がある。虹彩は赤い。嘴は鉛色で基部と先端が黒い。メスは頭部から胸が褐色で、それ以外は灰褐色。

知る　海ガモの仲間だが、主に河川や河口、湖沼で群れていることが多い。潜水して水生植物や草の種子などを食べる。オスは頭を前後に振るような求愛ディスプレイを見せる。繁殖地では、メスが同種の別の巣に産卵するという、種内托卵をおこなうことが観察されている。

アカハシハジロ（赤嘴羽白）

英 Red-crested Pochard　学 *Netta rufina*

鮮やかな赤い嘴はオスの特徴

- 大きさ　L50cm
- 分布　稀な冬鳥として本州や九州などに渡来
- 環境　湖沼、池、河川

成鳥オス

見る　オスは金色みのある赤橙色。首から胸、腹の中央と下尾筒は黒色。背は灰褐色で脇は白い。名前の通り嘴が鮮やかな赤色。メスは全体に灰褐色で、頰が白っぽい。

知る　稀な迷鳥。近年は観察例が増えているが、ほとんどがオスの記録でメスはごく少ない。海ガモの仲間だが淡水域で見られる。潜水して水生植物などを食べる。

カモ目カモ科

クロガモ
（黒鴨）★★

学 *Melanitta americana*
英 Common Scoter

- 大きさ：L48cm
- 分布：冬鳥として主に北海道〜東海・北陸地方に渡来
- 環境：沿岸、沖合、内湾、港湾

成鳥オス。群れで行動し、大群になることもある

成鳥メス。嘴は黒色で、オスと違い上嘴基部の黄色い膨らみはない

北日本で見られる海ガモ。渡来数は多い

見る オスは名前の通り全身が黒色。嘴は黒く、上嘴の基部が膨らんで橙黄色。メスは全体に黒褐色で、頬から首が白っぽい。雌雄とも飛翔時に目立つ翼帯や翼鏡はない。

知る 主に冬鳥として渡来するが、北海道では相当数が越夏する。幼鳥の観察記録があり、繁殖の可能性もある。潜水して主に二枚貝や甲殻類を食べる。オスはピィーフィッと鳴く。メスの前で尾を垂直に上げたり突進して求愛する。

ビロードキンクロ
（天鵞絨金黒）★★★

学 *Melanitta fusca*
英 Velvet Scoter

- 大きさ：L55cm
- 分布：冬鳥として主に北海道〜東海・北陸地方に渡来
- 環境：沿岸、沖合

成鳥オス。羽色が名前の由来。頭から嘴のシルエットもなだらか

貝を捕食する成鳥メス。群れは沖合にいることが多く、なかなか近くで見られない鳥でもある

ビロードのような艶やかな羽色の海ガモ

見る オスは体全体が黒色。目の下に白い三日月斑があり、白い次列風切もよく目立つ。嘴は赤く、先端から周囲が黄色く、上嘴の基部に黒い突起がある。メスは黒褐色で、顔に2つの淡色斑がある。

知る 北日本に多いが、総じてクロガモより少ない。千葉の九十九里浜では、春先に局地的に大きな群れが確認されている。クロガモ同様、海底が砂質の海岸を好み、潜水して主に二枚貝などを食べる。

カモ目カモ科

シノリガモ
（晨鴨）★★★

- 学 *Histrionicus histrionicus*
- 英 Harlequin Duck

大きさ	L43cm
分布	冬鳥として主に北日本に渡来。北海道と本州北部で少数が繁殖
環境	海岸、沿岸、渓流（繁殖期）

LP（東北地方以北の繁殖個体群）

成鳥オス。見分けは容易。海上では尾を上げていることが多い

成鳥メス。少数が、北海道、青森県、秋田県、宮城県などで繁殖している

英名で道化者と呼ばれる美しい模様のカモ

見る オスは頭部に丸みがある。頭部から胸、上面が青みのある黒色で、顔や首、胸側、肩羽などに白色部がある。脇は栗色。メスは灰黒褐色で顔に3個の淡色斑がある。

知る 冬期は岩礁性の海岸にいて、潜水して貝類や甲殻類を食べる。岩の上で休息する。また1970年代後半に初めて国内繁殖が確認され、繁殖期は山間のブナ林に囲まれた渓流に生息する。潜水して、主に水生昆虫を食べる。

コオリガモ
（氷鴨）★★★

- 学 *Clangula hyemalis*
- 英 Long-tailed Duck

大きさ	L オス60cm、メス38cm
分布	冬鳥として主に北海道や本州北部に渡来
環境	沖合、沿岸、内湾

成鳥オス冬羽。美しい羽色と独特の鳴き声で知られる

成鳥メス冬羽。顔は仮面をかぶったように白い。オスと違い、尾羽は短い

姿も声も特徴的。北海道を代表する海ガモ

見る オスの冬羽は白色で、頬の下、胸から背、初列風切が黒い。尾も黒く、中央尾羽が長く伸びる。嘴は黒く、中央部がピンク色。メスは頭上と頬、胸と上面が黒褐色、腹から下尾筒は白い。嘴は灰色。

知る 北海道で渡来数が多く、特に根室や稚内が有名。普通は沖合にいるが、港湾内に入ることもある。潜水して貝類や甲殻類を食べる。オスはアッ、アォナと大きな声で鳴き、メスに求愛する。

カモ目カモ科

60

群れで泳ぐ成鳥オス。三角形の頭が特徴的。虹彩は黄色い

オスの求愛ディスプレイ。連続して首を伸ばすような動作も見せる

成鳥メス。中・小雨覆と次列風切の一部が白く、体側で白帯になる。飛翔時にもよく目立つ

ホオジロガモ（頬白鴨） ★★

学 *Bucephala clangula*　英 Common Goldeneye

三角頭と頬の白斑が目印。行動もユニーク

見る オスは頭部が三角形で、緑色光沢のある黒色。嘴の基部に白い円斑がある。背から腰、上下尾筒は黒色、尾は灰黒色。喉から下面は白色。メスは頭部が暗褐色で白い首輪模様があり、体上面が褐色、下面が灰褐色。嘴は黒く、メスは先端が橙色。

知る 内湾や河口など波の静かな場所に多く、内陸の湖沼にも入る。群れで行動し、一斉に潜水して甲殻類やイカ、魚類などを食べる。オスは繁殖期にギッギーと鳴き、頭を背中まで反らす求愛ディスプレイを見せる。

- **大きさ** L45cm
- **分布** 冬鳥として北海道から九州に渡来する
- **環境** 沿岸、内湾、湖沼、河川・河口

ヒメハジロ（姫羽白） ★★★

学 *Bucephala albeola*　英 Bufflehead

美しい成鳥オス

オスの頭部の羽色は光にきらめく

見る 日本産海ガモ類で最小。オスは顔から首が黒色で、青色、紫色、緑色の光沢がある。頬から後頭は白い。体は上面が黒く下面は白い。メスは頭部が灰黒色で目の下に白斑がある。体は灰褐色。

知る 渡来はごく稀。北海道東部では比較的観察例が多い。東京湾や兵庫県の記録もある。単独でいるが、ホオジロガモの群れに混じることもある。

- **大きさ** L35.5cm
- **分布** 稀な冬鳥として各地に渡来する
- **環境** 内湾、港湾、河川・河口、池沼

ミコアイサ
(神子秋沙) ★★

- 学 *Mergellus albellus*
- 英 Smew
- 大きさ L42cm
- 分布 冬鳥として北海道から九州に渡来。北海道で少数繁殖
- 環境 湖沼、池、河川

成鳥オス。頭部の羽色からパンダガモの愛称もある

成鳥メス。頭部のコントラストが明瞭。雌雄ともに飛ぶと翼に白帯が目立つ

小型のアイサ。オスは巫女のような白い羽色

見る オスは白っぽい羽色で、目の周りに黒斑、後頭に冠羽がある。名前は羽色を巫女（神子）の姿に見立てたもの。背や肩羽は黒く尾は灰黒色。脇は細かい模様で灰色に見える。メスは頭が茶褐色で、喉から首は白色、体は灰黒褐色。

知る 湖沼や川にいるが、皇居のお堀や大阪城公園の記録もある。潜水して魚類より貝類、甲殻類などを多く食べる。樹洞に巣を作り、ホオジロガモと交雑することがある。

ウミアイサ
(海秋沙) ★★

- 学 *Mergus serrator*
- 英 Red-breasted Merganser
- 大きさ L55cm
- 分布 冬鳥として北海道から九州に渡来
- 環境 沿岸、内湾、河口

成鳥オス。冠羽は2段になっている。数羽〜数十羽の群れを作る

成鳥メス。頭部は茶褐色で短い冠羽がある。胸は白く、体は灰色っぽい

魚食に特化したカモの仲間で、海に生息

見る 体形はスマート。嘴は細長くて先がかぎ状に曲がる黒色で、オスは頭部が緑色光沢のあるボサボサの冠羽がある。首は白く、胸は茶褐色で黒色斑がある。雨覆と次列風切は白く、飛ぶと目立つ。

知る 波の穏やかな海や河口、海とつながる湖沼で見られる。内陸部ではごく稀だが琵琶湖では見られる。潜水して魚類を食べる。嘴を突き上げるように首を伸ばす求愛ディスプレイをおこなう。

カモ目カモ科

アイサ：潜水して魚を食べるカモ類。水面では尾を水につける。歩くのは苦手で、飛び立つ時は助走する

カワアイサ
(川秋沙) ★★

学	*Mergus merganser*
英	Goosander
大きさ	L65cm
分布	九州以北に冬鳥として渡来。北海道で少数繁殖
環境	湖沼、河川、内湾、沿岸

成鳥オス。冠羽がなく、体も全体に白っぽい

成鳥メスと雛。後頭に冠羽があり羽色もウミアイサのメスに似るが、首の羽色の境が明瞭

他のアイサ類と違いオスは冠羽がない

見る スマートな体形で、嘴は細長くて先がかぎ状に曲がる。オスは頭部が緑色光沢のある黒色で、冠羽はないが後頭が膨らむ。背は黒色。胸から下面は白色で、淡紅色を帯びる。雨覆と次列風切は白く、飛ぶと目立つ。

知る 群れを作り、名前の通り淡水域で見られるが、北日本では海水域にいることも多い。潜水して魚類を食べる。ウミアイサは地上に巣を作るが、本種は樹洞も利用する。

コウライアイサ
(高麗秋沙) ★★★

学	*Mergus squamatus*
英	Scaly-sided Merganser
大きさ	L57cm
分布	稀な冬鳥として本州中部以西に渡来する
環境	河川、湖沼、池

DD（情報不足）

成鳥オス。長い冠羽と脇の鱗模様が特徴。胸や腹は淡紅色を帯びる

成鳥メス。本種は東アジアの一部でしか繁殖しない、世界的な希少種である

世界的な希少種。脇にある鱗模様がポイント

見る オスは頭部が緑色光沢のある黒色で、後頭に長い冠羽がある。首から背は黒色。体下面は白く、脇に鱗状の模様があるのが特徴。嘴は赤く、先端に黄色部がある。メスは頭部が茶褐色で、オスよりは短いが他種のメスより長い冠羽がある。脇には鱗状の模様がある。

知る 稀な冬鳥。国内初記録は1986年だが、近年は毎年各地で観察されている。潜水して魚類を食べる。

カモ目カモ科

成鳥。主に湿った場所で採餌する

飛翔。黒い風切が目立つ

幼鳥。全体に灰色で、顔も赤みがない。1家族に1〜2羽の幼鳥がいる

成鳥のディスプレイ。クルー、クルルゥと鳴き、ペアで鳴き交わすこともある

マナヅル（真鶴）

英 White-naped Crane　学 *Grus vipio*

真の鶴は顔が赤い。鹿児島県で多数越冬する

見る 雌雄同色。目の周りの裸出部は赤く、頭部から喉、後頸は白色。体は灰黒色。雨覆は青灰色で、風切に近いほど白い。三列風切は長くて白色。初列と次列風切が黒褐色。嘴は黄色く、足は淡紅色。

知る 江戸時代まで全国に渡来していたらしい。現在は鹿児島県出水市に世界の総個体数の半数近い約3000羽が渡来して越冬し、他では稀では大群になる。主に家族群で行動し、ねぐらでは大群になる。水田や湿地で昆虫やカエル、草の種子などを食べる。出水市のツル渡来地は国の特別天然記念物。

大きさ	L127cm
分布	冬鳥として主に鹿児島県出水市に渡来
環境	農耕地、草地

VU（絶滅危惧Ⅱ類）、特別天然記念物（鹿児島のツルおよびその渡来地）

ツル目ツル科

鹿児島県出水市に集まる越冬群は壮観

親子。幼鳥は頭部が褐色を帯びる

稀に渡来する近似種のカナダヅル（G. canadensis）。出水市などに稀に渡来する冬鳥。ナベヅルに似るが、全身が灰色で額が赤い

成鳥。家族群で行動する。クルル、ククゥなどと鳴く

ナベヅル（鍋鶴） ★★

学 Grus monacha **英** Hooded Crane

総個体数のほとんどが日本で越冬するツル

見る マナヅルより小さい。雌雄同色。頭部から首は白色で、額から頭頂は黒く目先が赤い。体は全体に灰黒色で、これを煤けた鍋底に例えたのが名前の由来。

知る 鹿児島県出水市に約1万羽が渡来して越冬。これは世界の総個体数の8〜9割に達し、マナヅルとともに集中化による弊害が懸念されている。*山口県周南市（旧熊毛町）八代でも少数が毎年越冬。高知県での越冬例も増えている。水田や畑、草地で草の種子や昆虫、カエルなどを食べる。出水では給餌にも頼る。

大きさ L100cm

分布 冬鳥として鹿児島県出水市と山口県周南市などに渡来

環境 農耕地、草地、河川

VU（絶滅危惧Ⅱ類）、特別天然記念物（鹿児島のツルおよびその渡来地、八代のツルおよびその渡来地）

ツル目ツル科

*日本の越冬地で伝染病が発生すると大量死が起こり、絶滅の危険が高まる。また農業被害が拡大する可能性もある

鶴の舞いとも呼ばれるディスプレイや鳴き交わしが見られる。これは求愛や、ペアの絆を深めるなどの意味があるらしい

冬期は、水温変化が少なく、また陸上よりも暖かい湧水地に群れでねぐらをとる

飛翔。羽色は白と黒のコントラストが明瞭

親子。幼鳥は頭部などが褐色

タンチョウ（丹頂）

英 Red-crowned Crane　学 Grus japonensis

ツル目ツル科

浮世絵にも登場する日本を代表するツル

見る 日本産ツル類で最大。目の後ろから後頭と、体が白色。喉から首、次列・三列風切が黒色。頭頂の裸出部の赤色（丹）が名前の由来。

知る 日本では北海道東部にのみ生息する。江戸時代までは本州にも渡来し、歌川広重の浮世絵「名所江戸百景」にも描かれている。一時は絶滅の危機に瀕したが、保護の成果で個体数は約1000羽にまで回復。湿原で繁殖し、植物や小動物を食べる。冬は給餌に頼り、釧路市や鶴居村の給餌場は観察地としても有名。国の特別天然記念物でもある。

大きさ	L145cm
分布	留鳥として主に北海道東部に分布
環境	湿原、湖沼、河川、牧草地

VU（絶滅危惧Ⅱ類）、特別天然記念物

クロヅル
（黒鶴）
★★★

学 *Grus grus*
英 Common Crane

- 大きさ　L115cm
- 分布　冬鳥として主に鹿児島県出水市に少数が渡来
- 環境　農耕地、湿地

DD（情報不足）

成鳥。風切は黒く、飛ぶとコントラストが明瞭

幼鳥。頭部は褐色で黒色部がなく、体は全体に褐色みのある灰色をしている

黒鶴という名前でも灰色みの強いツル

見る　雌雄同色。成鳥は頭頂が赤く、後頭と額から前頸にかけては黒色。目の後方から後頸にかけては白色で、体は褐色みのある灰色。

知る　稀な冬鳥。鹿児島県出水市(いずみし)には定期的に少数が渡来する。ナベヅルとの交雑個体（ナベクロヅル）もいて、体の大きさはクロヅル、頭部から首の羽色はナベヅル、首から体の羽色はクロヅルの特徴を持つものが多い。水田や畑で植物や昆虫などを食べる。

ソデグロヅル
（袖黒鶴）
★★★

学 *Grus leucogeranus*
英 Siberian Crane

- 大きさ　L135cm
- 分布　ごく稀な冬鳥として北海道、本州、九州、沖縄で記録がある
- 環境　水田や休耕田、畑、湿地、干潟

成鳥と幼鳥。2008〜09年の冬に年鹿児島県出水市に渡来した

のびをする幼鳥。幼鳥は上面に褐色みがある。成鳥単独の渡来がほとんどで、幼鳥の渡来は珍しい

ごく稀に渡来する見た目が真っ白な大型ツル

見る　大型のツルで、雌雄同色。頭部から体は白く、額から顔の裸出部が赤い。初列風切と初列雨覆は黒いが、地上では見えず、飛翔に目立つ。

知る　世界的な希少種で総個体数は約3000羽。日本の動物園でも人工繁殖などの保護増殖策を進めている。日本では江戸時代までは多く渡来し、現在は北海道、本州、九州、沖縄で記録がある。主に植物の根や種子を食べる雑食。クロークローと鳴く。

ツル目ツル科

67

樹上で眠る成鳥。ただし、繁殖期や月の明るい夜、風の強い日はほとんど木に登らない

親子。雛は全体が黒褐色。繁殖期は4～8月で地上に営巣。雛はふ化するとすぐに歩き出す

成鳥。夕方に、よくキョッキョッキョ…と鳴く。国の天然記念物

★★★ ヤンバルクイナ（山原水鶏、山原秧鶏）

英 Okinawa Rail　学 *Gallirallus okinawae*

大きさ	L35cm
分布	留鳥として沖縄島北部に分布
環境	原生的な常緑広葉樹林

CR（絶滅危惧ⅠA類）、天然記念物

1981年に新種発表された稀少なクイナ

見る 雌雄同色で、頭から尾までの上面はオリーブ褐色。顔から喉は黒く、目の下から後方に白線がある。下面は白黒の密な横縞模様。嘴は赤くて先端が黄色。足は赤い。

知る 世界でも沖縄島北部、通称やんばるにのみ分布。翼は短小でほとんど飛べないが足はよく発達し、素速く走ったり垂直に近い木を登ることができる。林内や湿地で昆虫や小動物、草の種子などを食べる。夜間は樹上で眠る。近年はマングースなどに捕食され激減、保護増殖事業も進行中。個体数は約700羽。

★ シロハラクイナ（白腹水鶏、白腹秧鶏）

英 White-breasted Waterhen　学 *Amaurornis phoenicurus*

大きさ	L32cm
分布	留鳥として南西諸島に分布する他、各地で記録がある
環境	水田、湿地、河川、草地

成鳥

南方系のクイナ、日本列島を北へ北へ

見る 雌雄同色で、頭部から上面がオリーブ色を帯びた黒色、下面は白色。下尾筒は茶色。嘴は黄緑色で上基部が赤い。

知る 平地の多様な環境に生息。沖縄では多く、輪禍にあう個体も多い。昆虫やカタツムリ、穀物などを食べる。近年は分布が北上中で、鹿児島、熊本、高知、埼玉、新潟の各県で繁殖が確認され北海道でも観察例がある。

ツル目クイナ科

68

ヒクイナ
（緋水鶏、緋秧鶏）★★★

| 学 | *Porzana fusca* |
| 英 | Ruddy-breasted Crake |

- 大きさ　L23cm
- 分布　夏鳥として全国に渡来し、本州以南で少数が越冬
- 環境　水田、湿地、池、河川

VU（絶滅危惧Ⅱ類）

成鳥。虹彩は赤い。また足も赤くてよく目立つ

亜種リュウキュウヒクイナ。南西諸島で留鳥。亜種ヒクイナとの野外での見分けは難しい

独特の鳴き声が歌人や俳人の心をとらえた

見る　雌雄同色で、頭頂から尾までの上面は暗緑褐色。顔から喉、脇と下腹、腹までは赤褐色で、下尾筒は白黒の横縞模様。夏羽は羽色が濃い。

知る　平地から低山の水辺に生息。警戒心が強く、草むらからなかなか姿を見せず観察しにくい。昆虫やカエル、甲殻類、草の種子を食べる。繁殖期のオスはキョッキョッキョッ…と鳴く。古来、この声を「水鶏が戸を叩く」と言い詩歌の題材にされた。

オオクイナ
（大水鶏、大秧鶏）★★★

| 学 | *Rallina eurizonoides* |
| 英 | Slaty-legged Crake |

- 大きさ　L26cm
- 分布　留鳥として主に宮古島、八重山諸島に分布
- 環境　常緑広葉樹林や周辺の草地

EN（絶滅危惧ⅠB類）

成鳥オス。繁殖期にファー、クアクアなどと鳴く

成鳥メス。若鳥に似るが腹部には白黒の縞模様が明瞭。地表や樹上の低い場所に巣を作る

南の島の森でひっそりと暮らすクイナ

見る　オスは頭頂から体の上面は暗褐色。顔から胸は赤褐色で、腹から下尾筒は白黒の横縞模様。メスはオスに比べ褐色みが強い。虹彩は赤色。

知る　林内や草地に生息し、水田や湿地にはいない。沖縄島北部でも観察されているが稀で、繁殖の可能性は低い。昆虫やミミズ、貝類、草の種子などを食べる。近年は個体数が減少し、シロハラクイナとの競合や野ネコなどによる捕食の影響が指摘されている。

ツル目クイナ科

クイナ
（水鶏、秧鶏） ★★★

- 学 *Rallus aquaticus*
- 英 Water Rail

大きさ	L29cm
分布	北海道や東北地方で夏鳥、東北地方以南で冬鳥
環境	水田、湿地、湖沼、河川

成鳥夏羽。嘴は橙色で、夏羽では色が濃くなる。足は赤褐色

成鳥冬羽。羽色は夏羽とほとんど変化しない。虹彩は夏冬とも薄い赤色

警戒心が強い水鳥。観察には粘りが必要

見る 雌雄同色で、頭から体上面は茶褐色で黒い縦斑がある。顔から胸は青灰色、脇から下尾筒は白黒の横縞模様。顔に暗褐色の過眼線がある。

知る 主に北日本で繁殖するが、尾瀬、戦場ヶ原、渡良瀬遊水池で繁殖が確認され、過去に愛知県犬山市の記録もある。警戒心が強く、草むらからあまり姿を見せない。昆虫やクモ、カエル、甲殻類や草の種子などを食べる。クィ、キュッなどと鳴く。

ツルクイナ
（鶴水鶏、鶴秧鶏） ★★★

- 学 *Gallicrex cinerea*
- 英 Watercock

大きさ	L40cm
分布	留鳥として八重山諸島で少数が分布。他地域の記録もある
環境	湿地、草地、水田

成鳥冬羽。夏羽との変化が大きい。飛ぶと足を垂らした姿勢になる

成鳥オス夏羽。オスは繁殖期になると額板が角状に発達する。繁殖期はクポンクポンと鳴く

赤くて角状の額板を持つ大型のクイナ

見る オスの夏羽は全身が灰黒色で、雨覆や風切に褐色の羽縁が、腹部に灰色の横斑がある。嘴は黄色で赤い額板がある。冬羽は雌雄ほぼ同色。体は黄褐色で上面に縦斑、下面に横斑があり、額板はない。

知る 生息数は少ない。石垣島と佐賀県で繁殖記録があるが、詳しい生態は不明。各地で迷行記録があり、秋の渡り時期に多い。警戒心が強く、朝夕以外はまず姿を見せない。小動物や草の種子を食べる。

ツル目クイナ科

70

成鳥夏羽。冬羽では額板や嘴の赤みが消えるか薄れる

バン
（鷭） ★

学 *Gallinula chloropus*
英 Common Moorhen

大きさ	L32cm
分布	関東地方以北、北海道で夏鳥。関東地方以南で留鳥
環境	湖沼、池、河川、水田、湿地

親子。年2回繁殖した時は、先に生まれた若鳥がヘルパーとして子育てを手伝うことがある

身近な水鳥でもその繁殖戦略はしたたか

見る 雌雄同色。体は黒色で背や雨覆に褐色みがあり、脇と下尾筒に白斑がある。額板と嘴は赤く先端が黄色い。

知る クイナの仲間では最も普通に見られる。水辺で昆虫や甲殻類、草の葉や種子などを食べ、水面を泳いで採餌することもある。水辺の草むらに巣を作り、通常は一夫一妻で繁殖。稀に一夫多妻で共同で抱卵や子育てしたり、種内托卵をすることもある。南の地方では年数回繁殖する。

成鳥。越冬期は群れで過ごすことが多く、大群になることもある

オオバン
（大鷭） ★★

学 *Fulica atra*
英 Eurasian Coot

大きさ	L39cm
分布	北海道、本州、九州の一部で繁殖、北日本では夏鳥、他地域は留鳥または冬鳥
環境	湖沼、河川、水田

親子。幼鳥は下面が白っぽい。子育ての時期にバンのようなヘルパーも観察されている

白い額板を持つ、バンに似て非なる鳥

見る 雌雄同色。全身が黒色で、上面はやや青灰色みがある。額板と嘴は白色で、わずかに淡紅色みがある。足は暗緑青色。次列風切の後縁が白く、飛ぶとよく目立つ。

知る 足指に葉状の水かき（弁足）がありバンより泳ぎがうまく、広い水面に出て潜水もする。水生植物や水生昆虫、小魚を食べる。主に一夫一妻で繁殖。オスが巣材を運びメスが巣作り、抱卵や子育ては共同でおこなう。

ツル目クイナ科

レンカク（蓮角） ★★★

学 *Hydrophasianus chirurgus*
英 Pheasant-tailed Jacana

- **大きさ** L55cm
- **分布** 主に稀な旅鳥として本州以南に渡来。越冬例もある
- **環境** 湖沼、池、蓮田、水田、湿地

長い尾をなびかせ水面の葉の上を軽やかに舞う

成鳥夏羽。足指がとても長く、ハスの葉の上に軽々と乗る

冬羽。夏羽に比べて地味で、尾も短めになる。後頸にはやや金色みが残る

見る 雌雄同色。夏羽では頭から前頸が白色で、後頸が黄金色。体は黒褐色で翼の大部分は白い。尾羽は長く伸びる。冬羽は全体に褐色で、頭部は暗茶褐色。過眼線は胸まで伸び、胸では黒帯になる。

知る 稀な旅鳥で夏から秋の記録が多い。越冬記録もある。水面を泳いだりハスの葉の上などを歩いて、主に水生植物の他、昆虫や甲殻類を食べる。一妻多夫で繁殖し、抱卵や子育てはオスがおこなう。

タマシギ（玉鷸） ★★★

学 *Rostratula benghalensis*
英 Greater Painted Snipe

- **大きさ** L23.5cm
- **分布** 留鳥として主に北陸・関東地方以南に分布。北日本の繁殖記録も
- **環境** 水田、湿地

一妻多夫でメスが積極的にディスプレイする

成鳥メス。喉から胸が赤褐色で上面は青銅色。繁殖期は嘴が橙色

成鳥オス（左）と幼鳥。オスは喉から胸が灰褐色、上面は褐色みが強い

見る メスはオスより羽色が美しい。目の周りの勾玉形（まがたま）の白斑、胸側の白線と、それに続く背の黄色線が特徴。雨覆や風切に円斑がある。

知る 水田や休耕田で見られるが、警戒心が強い。嘴を左右に振って昆虫や貝類、ミミズなどを食べる。足を垂らしゆっくり飛ぶ。繁殖形態は一妻多夫。メスは夜にコゥコゥと鳴き、翼を高く上に開いてオスへ求愛する。抱卵や子育てはオスの役目。

貝を捕食する成鳥。二枚貝を食べるのに適応した嘴を持ち、英名も「牡蠣捕り」を意味している

ミヤコドリ（都鳥） ★★★

学 *Haematopus ostralegus*　英 Eurasian Oystercatcher

二枚貝食に適応。東京湾が一大越冬地に

見る 雌雄同色。頭部から胸と上面は黒色、下面は白色。初列・大雨覆と次列風切の一部が白く、飛ぶと翼帯が出る。嘴と足は鮮やかな赤色。

知る 各地の干潟や海岸に渡来するが、近年は東京湾の三番瀬で約200羽が越冬し、三重県安濃川河口でもよく見られる。東京湾では越夏の記録もある。福岡県の和白干潟では減少傾向。主に二枚貝や牡蠣類を食べ、縦に薄い嘴を貝殻の隙間に差し込んで器用に食べる。またゴカイやカニも食べる。キュリーッやピリーッなどと鳴く。

大きさ	L45cm
分布	旅鳥または冬鳥として各地に渡来。東京湾や九州北部などには毎年渡来する
環境	海岸、干潟、河口

チドリ目ミヤコドリ科

成鳥の群れ。本種は繁殖地の1つ、アイルランドの国鳥

成鳥。翼の下面は白く、初列風切などの先が黒い

成鳥夏羽。上面は光を浴びると金色に輝いて見える。英名はその羽色にちなんだもの

幼鳥。成鳥冬羽に似るが、全体に黄褐色みが強い

換羽中の個体。胸や腹に夏羽の黒い羽毛がある

成鳥冬羽。キョビッなどと鳴く

ムナグロ（胸黒）

英 Pacific Golden Plover　学 *Pluvialis fulva*

チドリ目チドリ科

夏羽で見られる上面の金色斑紋が美しい

見る 雌雄同色。夏羽では頭頂から体の上面が黄褐色と黒色、淡色の斑模様。顔から喉、腹までは黒色で、上面との間には白色部がある。メスはオスに比べ、下面が褐色みを帯びる。冬羽は頭頂から上面が黄褐色と黒褐色の斑模様で、下面は淡い黄褐色。

知る 群れになって渡来する。旅鳥だが、本州中部以南では越冬することもあり、南西諸島や小笠原諸島では多い。ダイゼンに比べて淡水域を好み、草地など乾いた場所にいることが多い。昆虫や甲殻類、草の種子などを食べる。

- **大きさ** L24cm
- **分布** 旅鳥として全国に渡来する。南日本、小笠原諸島などでは越冬するものもいる
- **環境** 水田、畑、草地、埋立地

成鳥冬羽。飛ぶと白い腰が目立つ。ムナグロの腰は背と同色なので見分けられる

成鳥夏羽。ピーユー、ピューイなどと鳴く。秋の渡来数は増えている

幼鳥。成鳥冬羽に似るが、上面の斑紋がくっきりしていて、胸から脇に縦斑がある

ダイゼン（大膳） ★★

学 *Pluvialis squatarola*　英 Grey Plover

大きさ L29cm
分布 旅鳥または冬鳥として全国に渡来する。越冬は関東以南で見られ、一部では一年中見られる
環境 干潟、海岸、河口

夏羽は白と黒のコントラストが明瞭

見る 雌雄同色。一見するとムナグロに似るが、上面は白と黒の斑模様で、黄褐色みはない。顔から喉、腹までは黒色で、下腹から下尾筒は白い。冬羽は頭部から上面が灰褐色で、淡色斑と黒褐色斑がある。顔から下面は白くて、胸に褐色斑がある。

知る 関東以南では越冬するものもいる。ムナグロと違い干潟や砂泥質の海岸を好む。ゴカイやカニ、貝類、草の種子などを食べる。名前は宮中の食事を司る役職「大膳職（だいぜんしき）」の略で、本種が美味でよく食材にされたことに由来する。

ハジロコチドリ（羽白小千鳥） ★★

学 *Charadrius hiaticula*　英 Ringed Plover

大きさ L19cm
分布 数少ない旅鳥または冬鳥として各地に渡来
環境 干潟、河口、埋立地

成鳥冬羽

コチドリに似ているが翼に白帯がある

見る コチドリより少し大きい。雌雄はほぼ同色。羽色もコチドリに似るが、夏羽では額の黒色線と頭頂の間に白色部がない。アイリングは不明瞭で、嘴は黄色くて先端のみ黒い。翼に白帯がある。冬羽は胸の黒色部に褐色みがあり、嘴は黒い。

知る 干潟で見られるが少ない。ゴカイや甲殻類などを食べる。プーイッ、ピューイなどと鳴く。

チドリ目チドリ科

75

抱卵する成鳥オス。巣は砂礫にくぼみを作り小石や貝殻片を敷いただけの簡単なもの。卵や雛は保護色をしている

若鳥（第一回冬羽）。成鳥冬羽に似るが、全体に羽色が淡い

成鳥夏羽。他種に比べアイリングが明瞭

雛をかばう成鳥メス。雛は早成性*

コチドリ（小千鳥）

英 Little Ringed Plover　学 *Charadrius dubius*

黄色いアイリングを持つ河原のチドリ

見る 日本産チドリ類で最小で、雌雄はほぼ同色。夏羽は額の黒帯と頭頂の間に白色部があり、黄色いアイリングが明瞭。翼に白帯はない。嘴は黒色。冬羽は全体に褐色で頭や胸の黒色が不明瞭になる。

知る 干潟にもいるが主に河川中流域に生息し、河川敷や荒れ地などの砂礫地に巣を作り繁殖する。親鳥は巣や雛に天敵が近づくと擬傷をおこなう。昆虫やミミズなどを食べる。小走りと静止を繰り返し、真っ直ぐに進まない「千鳥足」が有名。ピオピオ、ピューと鳴く。

- 大きさ　L16cm
- 分布　夏鳥として北海道から九州に渡来し、本州中部以南で少数が越冬する
- 環境　河川、干潟、水田、埋立地

チドリ目チドリ科

早成性：雛は羽毛が生えた状態でふ化し、すぐに歩きだして、自力で餌をとる（↔晩成性）

シロチドリ
（白千鳥）　★

学 *Charadrius alexandrinus*
英 Kentish Plover

- **大きさ** L17cm
- **分布** 留鳥として関東地方以南に分布。北日本では夏鳥
- **環境** 砂浜、干潟、河川、埋立地

成鳥オス夏羽。ピュルピュル、ケレケレ、ポイッなどと鳴く

成鳥メス。オスと違い、夏冬の羽色の変化がない。雌雄ともに嘴は黒く、足も黒っぽい

留鳥で見慣れたチドリも近年は減少傾向

見る オスの夏羽は頭頂から後頭が橙褐色で前頭に黒斑がある。白い眉斑と黒い過眼線、胸側に黒帯がある。メスとオスの冬羽は頭頂が灰褐色で、過眼線や胸の黒帯は褐色。翼に白帯がある。

知る 海辺に多い。干潟を忙しなく動き回り、ゴカイや甲殻類、昆虫などを食べる。チドリ類は片足で地面をたたき、獲物を追い出すこともある。砂地に簡単な巣を作って繁殖。非繁殖期は群れでいる。

イカルチドリ
（桑鳲千鳥、鵤千鳥）　★

学 *Charadrius placidus*
英 Long-billed Plover

- **大きさ** L21cm
- **分布** 本州から九州に留鳥。北海道では夏鳥、南西諸島では少数が越冬
- **環境** 河川、湖沼、池、水田

成鳥オス。冬羽では全体に羽色が淡色になる

成鳥メス。オスに比べると顔の黒色部が淡色になるのが特徴

内陸部に多いチドリ。繁殖期の行動も注目

見る コチドリに似ているが体は少し大きく、嘴や足は長い。雌雄ほぼ同色。夏羽はコチドリに比べて顔の模様は淡く、アイリングも目立たない。胸の帯も細くて淡色。

知る 河原や水田近くの砂礫地に多く、海辺では少ない。主に昆虫を食べる。繁殖期はピッピッピと鳴きながら上空を旋回。営巣場所にくぼみを作ると、翼を半開きにしてメスを誘うスクレイピング・ディスプレイをおこなう。

チドリ目チドリ科

成鳥冬羽。シロチドリ冬羽に似るが、嘴は太く、下面に褐色みがある

近似種のオオメダイチドリ（*C.leschenaultii*）静止時はやや上体が起きた姿勢。夏羽では喉と胸の境に黒線はない

成鳥夏羽。鮮やかな橙色の胸が特徴的。南西諸島では越冬するものが多い

メダイチドリ（目大千鳥）

★★

英 Lesser Sand Plover　学 *Charadrius mongolus*

夏羽の橙色が綺麗な、目の大きいチドリ

大きさ	L20cm
分布	旅鳥として全国に渡来し、南日本では越冬するものもいる
環境	干潟、砂浜、河川・河口

見る 雌雄ほぼ同色。夏羽では前頭から眉斑、首、胸にかけて橙色でよく目立つ。顔の白色部との境に黒線がある。頭上から体の上面は褐色、腹部は白い。メスの夏羽はオスより色みが薄い。冬羽は橙色部が淡褐色になり、顔の黒線はなくなる。足は黒褐色。よく似たオオメダイチドリは少し大きくて、嘴や足は長く、足には黄色みがある。

知る 干潟に多く、主にゴカイ類を食べる。群れでいることが多く、シロチドリなどに比べると動きがゆっくり。クリリ、プリリなどと鳴く。

オオチドリ（大千鳥）

★★★

英 Oriental Plover　学 *Charadrius veredus*

大きさ	L24cm
分布	数少ない旅鳥として西日本、主に宮古・八重山諸島に渡来
環境	草地、畑、埋立地

成鳥オス夏羽

白っぽい頭と橙色の胸がよく目立つ

見る オスの夏羽は顔が白く、頭上や体の上面は褐色。胸は橙色、腹は白色で、その境に黒帯がある。メスの夏羽は顔から胸が淡い橙色で喉は白く、腹部の黒帯はない。冬羽は額や顔が黄白色、胸は淡褐色になる。

知る 宮古・八重山諸島では2〜3月によく観察される。水辺よりも乾いた場所にいて昆虫などを食べる。チプチプと鳴く。

チドリ目チドリ科

78

タゲリ
（田鳧、田計里） ★★

学 *Vanellus vanellus*
英 Northern Lapwing

大きさ　L32cm
分布　冬鳥として主に本州以南に渡来
環境　水田、河川、草地、干潟

成鳥夏羽。顔は白黒のコントラストが明瞭になる

成鳥冬羽。顔の白っぽい部分が大きく、表情がわかりやすい。田鳧といっても干潟にも出る

ネコのような声で鳴く。頭の冠羽も特徴

見る　雌雄ほぼ同色。頭頂から額まで黒色で、目の下に黒線がある。夏羽では頭部の黒みが濃く、喉も黒い。冬羽では顔に黄褐色みがあり、喉は白い。後頭に長い冠羽があり、上面は緑色や赤紫色の光沢があり、胸は黒く腹は白色。

知る　過去に繁殖記録もある。水田跡などに群れで飛来し、昆虫やミミズなどを食べる。翼は幅広で先が丸く、フワフワ飛ぶ。飛翔時は翼下面の白黒が明瞭。ミューと鳴く。

ケリ
（鳧、計里） ★★

学 *Vanellus cinereus*
英 Grey-headed Lapwing

大きさ　L36cm
分布　留鳥として近畿地方以北の本州に分布。北海道や沖縄では稀
環境　水田、河原、草地

成鳥。嘴は黄色くて先端が黒く、足は黄色い

のびをする成鳥。翼上面は、翼の先から黒、白、褐色となり、飛翔時によく目立つ

大型で足の長いチドリ。気の強い一面もある

見る　大型のチドリ類で、足が長い。雌雄同色で、頭から首、胸の上部は暗青灰色。胸には黒帯がある。上面は灰褐色で、腹から下面は白色。尾は白くて先端に黒帯がある。

知る　近畿から東海地方に多く、関東以北では繁殖は局地的。九州でも繁殖が確認された。昆虫やカエルなどを食べる。営巣地に近づいた天敵に対しモビングしたり、擬傷したりする。キリッキリッ、ケケッと鳴く声が名前の由来。

チドリ目チドリ科

79

キョウジョシギ
(京女鷸) ★

学 *Arenaria interpres*
英 Ruddy Turnstone

- 大きさ L22cm
- 分布 冬鳥として全国に渡来。本州中部以南で少数が越冬
- 環境 海岸、干潟、河川・河口、水田

英名は「石を転がす者」その採餌法に注目

成鳥夏羽。ゲレゲレ、ゲッゲッゲッなどと鳴く

成鳥冬羽。夏羽に比べて頭から胸の黒み、上面の赤褐色みが淡くなる

見る 雌雄ほぼ同色。夏羽では頭から胸にかけて白黒の特徴的な模様がある。上面は赤褐色で黒と白の斑模様があり、下面は白色。足は橙色。メスはオスに比べ色が鈍い。名前は夏羽の美しさを雅な京女に例えたもの。

知る 小群で干潟や岩礁域に飛来するが、内陸の水田などでも見られる。やや上に反った嘴で小石や木片などをひっくり返し、昆虫やカニを捕え、二枚貝やゴカイも食べる。

オジロトウネン
(尾白当年) ★★

学 *Calidris temminckii*
英 Temminck's Stint

- 大きさ L14.5cm
- 分布 稀な旅鳥として北海道から九州に渡来。関東地方以南で少数が越冬
- 環境 水田、湿地、河川

トウネンに似ているが尾羽の外側が白い

成鳥夏羽。肩羽の模様が目立つ。足は暗黄緑色

羽繕いする冬羽成鳥。冬羽は上面の模様が目立たず、胸は灰色を帯び、腹部との境が明瞭

見る 雌雄同色。夏羽は頭部から体の上面は灰褐色で、黒い軸斑と橙褐色の羽縁が目立つ。胸は黄褐色で濃く褐色の縦斑がある。外側尾羽が白色で飛翔時に目立ち、これが名前の由来。幼鳥は淡色の羽縁の内側に黒線(サブターミナルバンド)があるのが特徴。

知る 渡来数が少なく、単独から数羽でいる。トウネンの群れに混ざることもある。淡水域を好み、昆虫や甲殻類などを食べる。チリリと鳴く。

チドリ目シギ科

80

成鳥夏羽。名前は、体が小さい今年（当年）生まれの鳥を意味する

トウネン
（当年）

学 *Calidris ruficollis*
英 Red-necked Stint

大きさ　L15cm
分布　旅鳥として全国に渡来する
環境　干潟、砂浜、河口、水田、湿地

短い嘴の小さなシギ。赤褐色の夏羽を持つ

見る　雌雄同色。夏羽では頭部から胸まで赤褐色で、頭上から後頸、胸には黒い縦斑がある。上面は黒い軸斑と白い羽先、赤褐色の羽縁が斑模様を作る。冬羽は全体に灰褐色で、黒褐色の軸斑がある。嘴と足は黒色。

知る　干潟や砂浜などでよく見られ、場所によっては大きな群れになる。水際などを忙しなく歩き回り、ゴカイや小さな甲殻類、昆虫などを食べる。チュリッと鳴く。

幼鳥。夏羽のような赤褐色みはない。幼鳥は上面に褐色みがあり、軸斑や羽縁が目立つ

成鳥夏羽。トウネンに似るが、頭部や胸に赤みがなく、足の色も違う

ヒバリシギ
（雲雀鷸）

学 *Calidris subminuta*
英 Long-toed Stint

大きさ　L14.5cm
分布　旅鳥として全国に渡来する
環境　水田、湿地、埋立地

足は黄緑色で背にⅤ字形の白線がある

見る　雌雄同色。夏羽では頭上から体の上面が茶褐色で、黒い軸斑と白い羽先、茶褐色の羽縁が斑模様を作る。背にはⅤ字形の白線、頸側や胸には黒い縦斑がある。顔は淡色の眉斑が明瞭。冬羽は上面が灰褐色みを帯びる。嘴は黒く、足は黄緑色。

知る　渡来数は少ない。単独か数羽で見られ、やや秋に多い。水田や休耕田を好み、草の間を歩いて小動物を食べる。プリリ、プリリと鳴く。

成鳥冬羽。背には黒褐色の斑紋がある。南日本、特に沖縄では越冬する個体も多い

チドリ目シギ科

アメリカウズラシギ
(亜米利加鶉鷸) ★★★

学 *Calidris melanotos*
英 Pectoral Sandpiper

- 大きさ L22cm
- 分布 数少ない旅鳥として各地に渡来する
- 環境 水田、干潟、湿地、埋立地

幼鳥。首が長めで、胸を張るような立ち姿勢をとることが多い

頭掻きをする夏羽の成鳥。ウズラシギに似るが茶褐色みがなく、胸と腹の境が明瞭

ウズラシギに似るが首が長くてスマート

見る 雌雄同色。夏羽では頭部から上面が黒褐色で、褐色の羽縁が目立つ。顔から首、胸には黒褐色の縦斑があり、白い腹部との境は明瞭。冬羽は上面が灰色を帯びる。足は緑黄色。幼鳥は頭や上面に赤褐色みがあり、背にV字形の白線がある。

知る 渡来数は少なく、単独か数羽で見られる。秋の幼鳥の記録が多い。内陸の淡水域を好み、主に昆虫などを食べる。クリッ、プリッと鳴く。

ウズラシギ
(鶉鷸) ★★

学 *Calidris acuminata*
英 Sharp-tailed Sandpiper

- 大きさ L21.5cm
- 分布 旅鳥として全国に渡来する
- 環境 水田、湿地、埋立地、蓮田、池沼

成鳥夏羽。白いアイリングもよく目立つ。足は緑黄色

成鳥冬羽。頭頂は赤褐色が薄れ、上面も灰褐色になる。首から胸の斑紋も淡い

赤褐色の頭と下面のV字形斑がポイント

見る 雌雄同色。夏羽では頭頂の赤褐色が目立つ。顔から背、胸は橙褐色を帯び、V字形の斑紋が密にある。上面は黒褐色の軸斑と白い羽先、茶褐色の羽縁が斑模様を作る。

知る かつては大群が見られ1980年代に愛知県の汐川干潟で約230羽の記録もあるが、近年は減少傾向。淡水域を好み、干潟よりも周辺の湿地や水田で見られる。小型の甲殻類、昆虫などを食べる。プリリ、プリリと鳴く。

チドリ目シギ科

成鳥夏羽。夏羽での識別は容易。嘴も足も黒い。嘴はついばみ採餌にも適応して、さまざまな食物に利用できる

群れ。一糸乱れぬ集団飛行をする

干潟に舞い降りる夏羽の成鳥

成鳥冬羽では、顔には淡い眉斑がある。干潟では泥の中に嘴を差し込み、器用にゴカイなどを捕らえる

ハマシギ（浜鷸）

学 *Calidris alpina* 英 Dunlin

チドリ目シギ科

干潟の上を機敏に群れ飛ぶ。その様子は壮観

見る 雌雄同色。夏羽では頭上から体の上面は軸斑が黒く赤褐色の羽縁がある。顔から胸に黒褐色の縦斑、腹には大きな黒斑がある。冬羽は上面が灰褐色、下面は白い。嘴は長めで先がやや下に曲がる。

知る 主に干潟でよく見られる。広い干潟では大きな群れになり、密集した群れが一斉に方向転換すると下面の白色が輝くようで壮観。砂浜の波打ち際で採餌するのも見かける。渡来数が多いが、秋は減少傾向。甲殻類やゴカイ、昆虫などを食べる。ジュール、ビリーッなどと鳴く。

大きさ	L21㎝
分布	旅鳥または冬鳥として全国に渡来する
環境	干潟、河口、砂浜、埋立地、水田

83

サルハマシギ
(猿浜鷸) ★★

学 *Calidris ferruginea*
英 Curlew Sandpiper

大きさ L21.5cm
分布 旅鳥として各地に渡来する
環境 干潟、河口、水田

成鳥夏羽。名前は羽色を赤い顔のサルに例えたもの

成鳥冬羽。ハマシギ冬羽に似るが、嘴がより長く足も長め。眉斑も明瞭で、飛ぶと腰が白い

夏羽の鮮やかな赤褐色が干潟で目を引く

見る 雌雄同色。夏羽では頭部から胸、腹にかけて鮮やかな赤褐色。上面も黒色、赤褐色、白色の斑紋があって美しい斑模様になる。冬羽は頭上や上面は灰褐色、下面は白く胸に縦斑がある。嘴は長くて下に曲がる。嘴と足は黒い。

知る 渡来数は少なく単独から数羽で見られる。主に干潟にいるが、水田に入ることもある。泥に嘴を突き入れてゴカイや甲殻類を食べる。チュリィ、ピリィと鳴く。

コオバシギ
(小尾羽鷸) ★★

学 *Calidris canutus*
英 Red Knot

大きさ L24.5cm
分布 旅鳥として各地に渡来する
環境 干潟、砂浜、河口、水田

成鳥夏羽。オバシギより小さく、体は首が太くて丸みがある

成鳥冬羽。上面には黒い羽軸と白い羽縁がある。幼鳥は羽縁にサブターミナルバンドがある

夏羽は顔から体の下面が橙褐色で目立つ

見る 雌雄同色。夏羽では顔から胸、腹が鮮やかな橙褐色。頭上から背は黒い縦斑があり、肩羽や雨覆は赤褐色、黒色、白色の斑模様。冬羽は全体に灰褐色。足は緑黄色。

知る 渡来数は少ないが、秋には幼鳥を含めた数十羽の群れが見られることもある。よくオバシギの群れに混じる。干潟や海に近い水田で、甲殻類やゴカイなどを食べる。ノッやポッと聞こえる声で鳴き、英名もこれに由来する。

チドリ目シギ科

84

オバシギ
（尾羽鷸） ★

学 *Calidris tenuirostris*
英 Great Knot

大きさ　L28.5cm
分布　旅鳥として各地に渡来する
環境　干潟、海岸、河口、水田

成鳥夏羽。嘴は頭部より長い。コオバシギの嘴は頭部ほどの長さ

成鳥冬羽。上面は灰褐色で暗色の軸斑が目立つ。コオバシギより大きく細身で、飛ぶと腰が白い

夏羽は胸の黒帯と肩羽の赤褐色がポイント

見る　雌雄同色。夏羽では頭部から胸に縦斑が密にあり、胸では黒帯状になる。体の上面は灰褐色で黒褐色の軸斑と白い羽縁があり、肩羽には赤褐色斑がある。冬羽は胸の黒帯や肩羽の赤褐色斑は消える。

知る　主に干潟の他、砂浜や岩礁など海辺に多い。内陸に入ることは稀だが、北アルプスの稜線での観察例がある。干潟では嘴を泥に差し込んで小動物を捕らえ、貝類を多く食べる。ケッケッなどと鳴く。

キリアイ
（錐合） ★★

学 *Limicola falcinellus*
英 Broad-billed Sandpiper

大きさ　L17cm
分布　旅鳥として各地に渡来する
環境　干潟、砂浜、水田、埋立地

成鳥夏羽。嘴は先端部が下に曲がった独特の形をしている

幼鳥。成鳥夏羽に似るが、背に褐色みが強く、白線が目立つ。胸の縦斑も細かく、脇にはない

渡来数は少ないが、秋にチャンスあり

見る　雌雄同色。顔に白い眉斑があり、目先で分かれて頭側線状になるのが特徴。夏羽では頭部から上面が黒褐色で、白色と赤褐色の羽縁がある。下面は顔から胸や脇に縦斑がある。冬羽は全体に灰色。

知る　減少傾向が著しい。渡来数は少なく、特に春は少ない。ハマシギやトウネンの群れに混じることもある。泥の表面をついばんだり嘴を差し込み小動物を食べる。ジュール、ビュールなどと鳴く。

成鳥冬羽。他の小型シギ類に比べて、かなり白っぽく見える

広い砂浜海岸で採餌中の群れ。九十九里浜での調査では、主に二枚貝のフジノハナガイを食べ、他に等脚類（フナムシなどの仲間）、アミ類などを食べていた

成鳥夏羽。後ろを向いた第一趾が退化しているのが名前の由来

ミユビシギ（三趾鷸）

★★

英 Sanderling　学 *Calidris alba*

砂浜に生息し、波打ち際で採餌する

- 大きさ　L19cm
- 分布　旅鳥または冬鳥として各地に渡来する
- 環境　砂浜、干潟、河口

見る　雌雄同色。夏羽では頭部から胸と体の上面が赤褐色で、黒い軸斑と白い羽縁が斑模様を作る。腹から下面は白色。嘴基部と喉は白っぽい。冬羽は上面が灰白色、下面は白色。頭部や胸側に縦斑があり、翼角部が黒く見える。嘴は黒く、長さはトウネンより長くハマシギより短い。

知る　主に砂浜で見られるが干潟にいることもある。冬は小群で過ごし、春秋の渡り時期には大群になる。波打ち際で、波を避けながら移動しながら獲物を探す。チュッ、クリーッなどと鳴く。

ヘラシギ（箆鷸）

★★★

英 Spoon-billed Sandpiper　学 *Eurynorhynchus pygmeus*

へら形をした嘴が最大の特徴

幼鳥

- 大きさ　L15cm
- 分布　旅鳥として各地に渡来。本州以南で越冬することも
- 環境　干潟、砂浜、埋立地、湿地、水田
- CR（絶滅危惧ⅠA類）

見る　嘴の先がへら形。雌雄同色。夏羽では頭部から胸が赤褐色で、上面は黒褐色と赤褐色の斑模様。冬羽は上面が灰褐色で暗色の軸斑がある。

知る　生息環境の悪化が原因で絶滅に瀕し、近年の個体数は1000羽以下とされる。日本へは少数が渡来。秋に、日本海側での記録が多い。干潟や砂浜に生息し、頭を左右に振って採餌する。

チドリ目シギ科

86

成鳥冬羽。日本で観察されるのは冬羽や幼鳥が多い。首が長く、直立した姿勢をとる。オスはメスより大きい

幼鳥は成鳥冬羽より黄褐色みがある

成鳥オス夏羽。飾り羽を広げメスに求愛する

成鳥オス夏羽。羽色は個体変異に富み、嘴や足の色もさまざま。メスの夏羽は飾り羽がなく、上面に黒褐色斑、胸に横斑がある

エリマキシギ（襟巻鷸） ★★

学 *Philomachus pugnax*　英 Ruff

オスの夏羽には襟巻き状の飾り羽がある

見る　オスの夏羽は目の後ろに耳状に、首に襟巻き状の飾り羽があるが、渡来時は換羽中で完全な夏羽は見られない。オスの羽色は変異に富む。冬羽は雌雄ともに頭部から胸、上面が灰褐色で、淡色の羽縁がある。嘴は黒く足は橙色。

知る　近年、渡来数は減少傾向。甲殻類やゴカイ、昆虫などを食べる。繁殖期、オスはレックという集団求愛場を作り、踊り場を巡って争う。飾り羽の色が濃い個体ほど優位で、踊り場を確保して多くのメスに求愛・交尾ができる。抱卵や子育てはメスの役目。

- 大きさ　L オス 28cm、メス 22cm
- 分布　旅鳥として各地に渡来し、西日本では越冬することもある
- 環境　水田、湿地、干潟、湖沼

チドリ目シギ科

87

オオハシシギ
（大嘴鷸）★★★

- 学 *Limnodromus scolopaceus*
- 英 Long-billed Dowitcher

大きさ	L29cm
分布	数少ない旅鳥または冬鳥として各地に渡来
環境	水田、蓮田、干潟

成鳥夏羽。過眼線と眉斑も明瞭。嘴は黒く、基部が黄緑色を帯びる

羽繕いをする第一回冬羽の若鳥。上面には黒い羽軸と淡色の羽縁がある。足は夏冬とも黄緑色

名前の通り、嘴は太く長くて真っ直ぐ

見る 雌雄同色。夏羽では頭上は灰黒色で、顔や下面が赤褐色。上面は黒い軸斑と白色と赤褐色の羽縁が斑模様を作る。冬羽は上面は暗灰褐色。下面は灰褐色で顔や胸、脇、下尾筒に黒褐色斑がある。

知る 水田や蓮田などで見られるが、渡来数は少ない。足が見えなくなるほど水深のある場所を歩き、長くて真っ直ぐな嘴を差し込んで、貝類や甲殻類、ゴカイなどを食べる。ピッピッピッと鳴く。

アカアシシギ
（赤足鷸）★★

- 学 *Tringa totanus*
- 英 Common Redshank

大きさ	L27.5cm
分布	旅鳥として全国に渡来。北海道東部では夏鳥。九州以南では越冬も
環境	干潟、水田、湿地、蓮田

VU（絶滅危惧Ⅱ類）

成鳥夏羽。嘴は先が黒く基部は橙色。白いアイリングも目立つ

干潟に群れる冬羽の成鳥。上面の模様は目立たない。甲殻類やゴカイ、昆虫などを食べる

橙赤色の足をしたシギ。道東で少数が繁殖する

見る 雌雄同色。夏羽は頭部から上面が灰褐色で、黒い軸斑や横斑、白い羽縁がある。顔から下面は黒褐色の縦斑がある。冬羽は頭上や上面は灰褐色で、首や胸の縦斑は淡い。

知る 渡りの時期は干潟に単独か小群でいる。沖縄では秋、冬に増える。北海道東部の野付半島などで少数が繁殖。繁殖期のオスは目立つ場所で、ピーチョイチョイと鳴き、ピョッピョッピョッピューイピューイとさえずる。

チドリ目シギ科

成鳥夏羽。嘴は下嘴の基部が橙色。嘴は長いが、泥に深く差し込んでの採餌は少ない。稀に逆立ち姿勢で水中に首を伸ばすこともある

ツルシギ（鶴鷸）

学 *Tringa erythropus*　英 Spotted Redshank

★★

全身黒色の夏羽はシギ類の中でも特異な存在

見る 雌雄同色。夏羽は全身が煤けた黒色で、上面は白色の斑紋と羽縁がある。白いアイリングも明瞭。冬羽は頭上から上面が灰褐色。上面には白い羽縁とその内側に黒褐色斑がある。下面は白い。

知る 水田や蓮田などで見られ、渡来数は秋より春が圧倒的に多い。環境悪化の影響で、近年、著しく渡来数が減少している。他のシギ類より水深のある場所にも立ち入り、泥の表面をつついたり、首を左右に振って、昆虫や甲殻類の他、時には小魚も食べる。チュイッ、ピュィと鳴く。

大きさ	L32cm
分布	旅鳥として全国に渡来し、稀に越冬するものもいる
環境	水田、湿地、蓮田、干潟

第一回冬羽。嘴基部や足は夏羽より淡色になる

幼鳥。冬羽に似るが全体に暗色で、細かい白斑や縦斑がある

チドリ目シギ科

コアオアシシギ
（小青足鷸）　★★

- 学　*Tringa stagnatilis*
- 英　Marsh Sandpiper

大きさ	L24cm
分布	旅鳥として全国に渡来する
環境	水田、湿地、池、干潟

成鳥夏羽。タカブシギに似るが、足が長く、上面の斑紋は不明瞭

黄緑色の長い足を持つシギ。渡来数は少ない

見る 足がとても長いのが特徴。雌雄同色。夏羽では頭部から胸は青灰色で、密な黒斑がある。体の上面は灰褐色で黒い軸斑と白い羽縁の斑模様になる。冬羽は頭上や体の上面が灰色で、白い羽縁がある。首や胸の斑紋は薄い。

知る 内陸の湿地で見られるが渡来数は少ない。秋に多い傾向がある。比較的、水深のある場所まで立ち入り、昆虫や甲殻類などを食べる。ピッピッピッ、ピョーッと鳴く。

成鳥冬羽。嘴は細く長い。アオアシシギは体が大きくて、嘴はやや上に反ることが区別点

アオアシシギ
（青足鷸）　★

- 学　*Tringa nebularia*
- 英　Common Greenshank

大きさ	L35cm
分布	旅鳥として全国に渡来する
環境	干潟、水田、河川・河口、湖沼

成鳥夏羽。足の色は緑青色だが、黄色を帯びるものもいる

足に青みがあり、嘴は上にわずかに反る

見る 雌雄同色。夏羽では頭部から背、胸に密な黒褐色の縦斑がある。上面は灰褐色で黒褐色の軸斑と白い羽縁があり鱗状の模様。冬羽は頭部や胸の縦斑は淡く、上面は淡灰褐色。

知る 海辺から淡水域まで幅広く見られ、単独や小群でいる。長くてやや上に反った嘴を左右に振ったり、半開きで水面につけて前進したりして採餌。甲殻類や昆虫、ゴカイなどの他、小魚も食べる。チョーチョーチョーと鳴く。

成鳥冬羽。上面には白い羽縁と、その内側に黒線や黒斑がある。顔から下面は白っぽい

チドリ目シギ科

90

クサシギ
（草鷸）

| 学 | *Tringa ochropus* |
| 英 | Green Sandpiper |

- 大きさ　L22cm
- 分布　旅鳥として全国に渡来。関東地方以西では越冬もする
- 環境　河川、湖沼、水田、湿地

成鳥夏羽。白いアイリングと目先のみ眉斑がある

成鳥冬羽。嘴は黒くて基部が淡色。足は灰緑色。幼鳥は冬羽に似るが上面の斑点が黄色っぽい

淡水域のシギ。冬鳥として越冬するものも

見る　雌雄同色。夏羽では頭部から胸に縦斑があり、上面は灰黒褐色で白斑がある。下面は白色。冬羽は額から体の上面が暗灰褐色で、上面には細かい白斑がある。喉から胸の縦斑は薄く淡褐色に見える。飛翔時は下面や腰、尾が白くて目立つ。翼下面は暗色。

知る　水田などの淡水域で見られ、単独か数羽でいる。主に昆虫や甲殻類などを食べる。チュイリー、チュイッ・チュイチュイなどと鳴く。

タカブシギ
（鷹斑鷸）

| 学 | *Tringa glareola* |
| 英 | Wood Sandpiper |

- 大きさ　L20cm
- 分布　旅鳥として全国に渡来。関東地方以西では越冬もする
- 環境　水田、湿地、河川、湖沼

成鳥冬羽。明瞭な眉斑と過眼線があることも、クサシギとの違い

成鳥夏羽。名前は、羽縁に白や黒の斑紋があり、それをタカ類の羽に例えたもの

同じ環境にいるクサシギとの見分けに注意

見る　雌雄同色。夏羽では頭部から胸に密な縦斑がある。上面は黒褐色で、黒色や白色の斑点、横斑がある。冬羽では頭部から上面は灰黒褐色で、白黒の斑紋がある。クサシギに似るが、上面の斑紋はより多く見える。翼の下面が白く足が緑黄色なのも区別点。

知る　かつては大きな群れも見られたが、今では小群が主に淡水域で見られる。昆虫や甲殻類などを食べる。ピッピッピッなどと鳴く。

夏羽成鳥の群れ。数羽から数十羽になるが、稀に100羽ほどの大群になることもある

近似種のメリケンキアシシギ（*H. incanus*）は稀な旅鳥で、主に春、太平洋側で記録される。岩礁海岸にいることが多い。ピッピッピッと鳴く

飛翔する成鳥夏羽。背面、翼は一様に灰褐色

成鳥冬羽。下面の斑紋は消える

キアシシギ（黄足鷸）

英 Grey-tailed Tattler　学 *Heteroscelus brevipes*

海辺から淡水域まですむ
足の黄色いシギ

見る 雌雄同色。夏羽では頭上から体の上面が灰褐色。顔は眉斑と過眼線が明瞭。顔から首は白地に灰褐色の縦斑、胸から脇は横斑がある。冬羽は顔から下面の斑紋がなく、顔から胸、脇は淡灰褐色。嘴は黒く、名前の通り足は黄色い。メリケンキアシシギ夏羽は腹から下尾筒まで横斑があり、眉斑は目先のみある。

知る 干潟から水田まで普通に見られ、海岸の岩場にもよく現れる。小群でいることが多い。昆虫やカニ、ゴカイなどを食べる。ピュイピュイ、ピピピとよく鳴く。

- 大きさ　L25cm
- 分布　旅鳥として全国に渡来する。南西諸島では越冬するものもいる
- 環境　干潟、海岸、河川・河口、水田

チドリ目シギ科

92

イソシギ（磯鷸）

学	*Actitis hypoleucos*
英	Common Sandpiper
大きさ	L20cm
分布	全国で留鳥。北日本では冬に移動するものもいる
環境	河川、湖沼、水田、海岸、干潟

ピコピコと尾羽を上下させているシギ

見る 雌雄同色で夏冬も同色。頭上から体の上面は暗灰褐色で、顔から胸には灰褐色の縦斑がある。眉斑と過眼線も明瞭。下面は白く、白色部が翼の付け根に食い込んで目立つ。翼には白帯がある。

知る 名前に「磯」とつくが繁殖期には河川や湖沼でよく見られ、海岸では非繁殖期に多い。尾羽を頻繁に上下させたり、翼を細かく震わせ低く飛ぶのも特徴的。主に昆虫を食べる。チーリーリーと鳴く。

成鳥。黒い軸斑、淡色の羽縁と内側の黒線が模様を作る

幼鳥。成鳥に似るが、肩羽などの羽縁が黄褐色で、黒色のサブターミナルバンドがある

ソリハシシギ（反嘴鷸）

学	*Xenus cinereus*
英	Terek Sandpiper
大きさ	L23cm
分布	旅鳥として全国に渡来する
環境	干潟、海岸、河川・河口、水田

上に反った長い嘴で、忙しなく採餌する

見る 雌雄同色。頭部から体の上面は灰褐色で、黒い軸斑と白く細い羽縁がある。肩羽では黒い羽軸が線状になる。下面は白く、喉から胸に縦斑がある。冬羽は全体に模様は淡く、肩羽の黒線もない。

知る 海岸に多く、単独か小さな群れが見られる。忙しなく動き回り、上に反った嘴で泥の表面をつついたり、泥に突き刺して、昆虫や甲殻類、ゴカイなどを食べる。ピッピッピッ、ピリピリッと鳴く。

成鳥夏羽。顔には白い眉斑と過眼線がある。足は橙褐色

成鳥冬羽。上面は一様に灰褐色で、軸斑は目立たない。下面の縦斑や足の色も薄くなる

幼鳥の群れ。幼鳥は全体に淡褐色で、肩羽などの軸斑がギザギザしている。嘴は成鳥も幼鳥も肉色で先が黒い

成鳥夏羽の群れ。場所によっては大きな群れがまだ見られるが、良好な干潟が減っていることもあり、渡来数は減少。群れの規模も縮小傾向にある

成鳥冬羽。夏羽に比べ眉斑も明瞭になる

成鳥夏羽。赤褐色の下面が目立つ

★★ オオソリハシシギ（大反嘴鷸）

英 Bar-tailed Godwit　　学 Limosa lapponica

長くて上に反った嘴を持つ大型のシギ

見る メスはオスより大きく嘴も長い。夏羽では頭部から上面に黒い軸斑と赤褐色と白色の羽縁がある。顔から下面は赤褐色で、下尾筒は白い。メスはオスより淡色。冬羽は頭部から上面が灰黒色で、羽縁が白い。顔から胸は淡褐色みがあり、褐色の縦斑がある。

知る 春に多く渡来し、干潟など主に海岸域に生息する。群れで行動し、有明海など広い干潟では100羽を超える群れも見られる。長く反った嘴を、時には基部まで泥に差し込み、ゴカイや甲殻類などを食べる。ケッケッと鳴く。

- 大きさ　L39cm
- 分布　旅鳥として全国に渡来する
- 環境　干潟、砂浜、河川・河口

チドリ目シギ科

94

餌を探す夏羽の成鳥。メスはオスに比べて淡色になる

幼鳥。成鳥冬羽に似るが黄褐色みがあり、眉斑が明瞭。翼の白帯は成鳥でも目立つ

成鳥冬羽。体の上面の模様や下面の横斑は消える。本種は近年、著しく渡来数が減少している

オグロシギ（尾黒鷸） ★★

学 *Limosa limosa* 英 Black-tailed Godwit

尾先が黒いのが名前の由来。嘴は真っ直ぐ

見る オオソリハシシギに似るが、嘴は真っ直ぐ。雌雄ほぼ同色。夏羽は頭部から胸が赤褐色。頭部には黒い軸斑、胸側から腹には黒褐色の横斑がある。上面は灰褐色で、黒、白、赤褐色の斑模様。冬羽は頭部から胸、上面が灰褐色。尾の先は幅広く黒い。

知る 干潟から水田まで見られ、数羽から数十羽の群れになる。浅く水につかった場所をゆっくり歩きながら、長い嘴で泥の表面を探ったり、嘴を泥に突き刺すなどして、ゴカイや甲殻類、貝類などを食べる。キッキッと鳴く。

- 大きさ L38.5cm
- 分布 旅鳥として全国に渡来する
- 環境 水田、湿地、干潟、河口

ホウロクシギ（焙烙鷸） ★★★

学 *Numenius madagascariensis* 英 Far Eastern Curlew

成鳥

- 大きさ L63cm
- 分布 旅鳥として各地に渡来する
- 環境 干潟、河口、砂浜、水田
- VU（絶滅危惧Ⅱ類）

嘴は長くて下に湾曲。羽色は腹部まで褐色

見る ダイシャクシギに似るが、嘴はより長くより下へ曲がり、羽色も褐色みが強い。雌雄同色。頭部から腹にかけて黒褐色の縦斑があり、上面は黒褐色の軸斑がある。

知る 小群で渡来し、ダイシャクシギの群れに混じる。近年、渡来数は減少著しい。泥に嘴を差し込んだり首を曲げて石の下を探り、主にカニを食べる。ホイーンと鳴く。

チドリ目シギ科

95

成鳥。夏羽と冬羽は大きな差がないが、夏羽の方が冬羽よりも縦斑などが濃いめ

ダイシャクシギ（大杓鷸）★★

英 Eurasian Curlew　学 *Numenius arquata*

長くて下に湾曲した嘴を持つ大型のシギ

大きさ	L60cm
分布	旅鳥または冬鳥として各地に渡来し、太平洋側では越冬するものも多い
環境	干潟、河口、砂浜

見る メスがオスより大きく、嘴も長め。雌雄同色。頭上から胸は淡褐色で、黒褐色の軸斑がある。上面は黒褐色で、淡色の羽縁がある。腹から下尾筒が白く、全体に褐色のホウロクシギと区別できる。

知る 主に太平洋側の干潟に群れで渡来し、越冬するものもいる。近年は減少傾向。長くて下に曲がった嘴を、主にオサガニ類やゴカイなどの巣穴に差し込み捕らえる。カニは、脚をふるい落としてから飲み込むようなこともする。ホーイーンと鳴く。英名カーリューも鳴き声にちなむ。

飛び立つ群れ。飛翔時は翼下面と腰が白くて目立つ

干潟で休む群れ。日本産シギ類ではホウロクシギと並んで最大クラス。体が大きいだけに群れは迫力がある

チドリ目シギ科

片足を折った姿勢で休む幼鳥。成鳥に似るが、体の上面にある斑紋が大きい

成鳥。嘴は黒く、基部は肉色みがある。足は青灰色。尾には横帯がある

ハリモチチュウシャクシギ冬羽（*N. tahitiensis*）は全体に橙褐色みが強く、上面の斑紋も大きい。腿に針状の羽毛があるのが名前の由来。クィーヨ、クィと鳴く

チュウシャクシギ（中杓鷸）★

学 *Numenius phaeopus*　英 Whimbrel

ダイシャクシギより小さくて嘴も短め

- 大きさ　L42cm
- 分布　旅鳥として全国に渡来する。南西諸島では越冬するものもいる
- 環境　干潟、海岸（磯）、農耕地、河川

見る　長くて下に曲がった嘴を持つ。雌雄同色。褐色の頭側線と過眼線があり、顔から胸には褐色の縦斑がある。上面は褐色で、暗色斑や白点がある。下面には横斑がある。

知る　主に干潟で見られるが、岩礁海岸や農耕地にもいる。数羽から数十羽の群れを作るが、広い干潟ではねぐらで数百羽になることもある。カニを好んで食べ、沖縄ではシオマネキ類を選択的に食べている。また昆虫なども食べる。ホイピピピピピとよく通る声で鳴き、海外ではセブンホイッスラーの異名もある。

コシャクシギ（小杓鷸）★★

学 *Numenius minutus*　英 Little Curlew

- 大きさ　L30cm
- 分布　数少ない旅鳥として各地に渡来する
- 環境　農耕地、草地
- EN（絶滅危惧IB類）

成鳥冬羽

嘴はわずかに下に曲がる小さな杓鷸

見る　チュウシャクシギより小さく、嘴の曲がりも小さい。雌雄同色。体は黄褐色で頭に黒褐色の頭側線、目の後方にも黒褐色線がある。首や胸、脇には黒褐色の縦斑や横斑、上面は黒褐色の軸斑と淡色の羽縁がある。

知る　渡来数は東日本では稀で、九州では比較的多め。単独か数羽で見られ、主に昆虫類を食べる。ピピピと3声で鳴く。

チドリ目シギ科

97

成鳥。辺りが薄暗くなる時刻には、林道などに出てくることもある。肩羽や背の灰色帯が目立つ

成鳥。眉斑と過眼線が明瞭。目の下には過眼線とは非平行の黒線がある

ヤマシギ（山鷸）

★★

英 Eurasian Woodcock　学 *Scolopax rusticola*

丸みのある体と尖った頭の地味なシギ

大きさ	L34cm
分布	本州中部以北に留鳥として分布、本州中部以南では冬鳥。北海道では夏鳥として渡来する
環境	林、草地、農耕地、湿地、河川

見る 大きくて太った体形。頭は三角形で、目が頭頂近くにある。雌雄同色。頭頂から後頭に太い横斑がある。上面は赤褐色や黒色、灰白色の複雑な模様。背と肩羽外側は灰色の縦帯になる。脇から下尾筒には横斑がある。

知る 夕方から活動するため見る機会が少ないが、冬期は人家周辺や都市公園にも生息する。人が間近に迫るまで動かず、急に飛び立って逃げる。嘴を地面に差し込みミミズや昆虫などを食べる。繁殖期には夜間飛び回り、ブッブー、チキッなどと鳴く。

アマミヤマシギ（奄美山鷸）

★★★

英 Amami Woodcock　学 *Scolopax mira*

奄美諸島と沖縄島北部にだけ生息する

大きさ	L36cm
分布	留鳥として奄美大島、加計呂麻島、徳之島、沖縄島北部に分布
環境	林、林道、サトウキビ畑

VU（絶滅危惧Ⅱ類）

見る ヤマシギに似るが全体に赤みがなく、後頭の横帯は頭頂側の1本が細い。目の下の黒線は過眼線と平行。足が太く、体は水平な姿勢を保つ。

知る 夜間に活動し、明るい月夜は畑や林道に現れ、採餌や求愛をおこなう。ミミズや昆虫を食べる。個体数は減少していて、マングースによる捕食が懸念される。グワッグワッ、ジェと鳴く。

成鳥

チドリ目シギ科

成鳥。タシギの仲間は他のシギ類と区別してジシギ(地鷸)と呼ばれる。どの種もよく似ていて野外での識別は困難

頭掻きをする成鳥

よく数羽の小群でいるので時にはケンカもする

近似種のアオシギ(*G. solitaria*)。タシギに比べて、淡色部が青灰色を帯びる。渓流などの細い河川に生息するのも特徴

タシギ（田鷸）

学 *Gallinago gallinago*　英 Common Snipe

ジシギ類の代表。嘴と次列風切がポイント

見る 嘴は近似種の中で特に細長く見える。雌雄同色で、頭部には黄白色の頭央線と眉斑、黒褐色の頭側線、過眼線、頬線がある。背や肩羽は黒色の軸斑があり、黄白色の羽縁が連なって縦帯に見える。次列風切の先と下雨覆は白くて目立つ。尾羽は14枚。

知る 水田や湿地の草陰にいて、乾いた場所にはいない。危険を感じると身を潜め、急に飛び立つ。飛ぶときは真っ直ぐに進まず、左右ジグザグになる。長い嘴を泥に差し込み上下させて、ミミズや昆虫などを食べる。ジェッと鳴く。

大きさ	L27cm
分布	旅鳥として全国に渡来する。本州中部以南では冬鳥
環境	水田、湿地、池、河川

チドリ目シギ科

成鳥。ジシギ類では唯一、日本で繁殖。地面のくぼみに枯れ草などで皿形の巣を作る

チュウジシギ（G. megala）。オオジシギの近似種で、野外での識別は困難。尾羽は20枚で、幅の狭い外側尾羽がオオジシギは白っぽく、チュウジシギは黒っぽい

成鳥。木の枝や電柱など目立つ場所に止まってさえずることもある

オオジシギ（大地鷸）★★

英 Latham's Snipe　学 *Gallinago hardwickii*

派手な音のディスプレイ・フライトが特徴

大きさ	L30cm
分布	北海道と本州中・北部で夏鳥。各地に旅鳥としても渡来する
環境	高原の草原、湿地、水田、畑

NT（準絶滅危惧）

見る タシギより大きい。頭側線は額で細くなり、目先で眉斑が広がって見える。羽色もジシギ類では一番白っぽく見える。翼は長くて幅も広い。尾羽は16〜18枚。

知る 草原や湿原、牧草地に生息。繁殖期の主に朝夕にはズビャークまたはジェーッと鳴きながら飛び回り、尾羽を広げてザザザ…と音を立てながら急降下するディスプレイ・フライトをおこなう。この羽音から「雷シギ」の異名もある。秋の渡去はタシギより早く、小群になる。ミミズや昆虫、種子などを食べる。

ハリオシギ（針尾鷸）★★

英 Pintail Snipe　学 *Gallinago stenura*

尾羽が短い特徴も野外では識別困難

大きさ	L25cm
分布	旅鳥として各地に渡来する
環境	水田、湿地、草地

若鳥と思われる

見る オオジシギやチュウジシギに酷似する。本種は尾羽が26枚で、幅の狭い外側尾羽が6〜8対と多い。また尾羽は他のジシギ類より短くて、尻が小さく寸詰まりに見える。ただし、野外での識別は困難である。

知る チュウジシギ同様、相当数が渡来すると思われるが、詳細は不明。南西諸島では越冬する。昆虫やミミズなどを食べる。

成鳥メス夏羽。メスはオスより羽色が鮮やか

第一回冬羽。冬羽は頭上や上面が灰色で、目の周りに灰黒色斑がある

交尾をするペア（上がオス）。アカエリヒレアシシギは一妻多夫の繁殖生態を持つ。繁殖地ではメスは他のメスから巣やオスを守る

アカエリヒレアシシギ（赤襟鰭足鷸）★★

学 *Phalaropus lobatus*　英 Red-necked Phalarope

足指に葉状の水かきがある、小さな海のシギ

見る 夏羽では顔から頭頂、後頸、背にかけてが青黒色。頬と喉は白く、頭の横から胸は赤褐色。背には橙黄色線がある。翼には白帯がある。

知る 沖合を群れで通過し、少数が沿岸や港湾、海辺の水田などに入る。球技場のナイター照明にも誘引される。主にプランクトンや昆虫、甲殻類をついばんで食べる。クルクル回るように泳ぎ、水流で獲物を浮き上がらせたりもする。年によって数万羽もの大群も現れるが、近年、明石海峡では減少。大群はフェリー航路などで見る機会が多い。

- **大きさ** L18cm
- **分布** 主に旅鳥として沖合や沿岸に渡来。越夏や越冬するものもいる
- **環境** 沖合、沿岸、港湾、内湾、河川、水田、湖沼

ハイイロヒレアシシギ（灰色鰭足鷸）★★★

学 *Phalaropus fulicarius*　英 Grey Phalarope

- **大きさ** L21cm
- **分布** 旅鳥として沖合を通過し、稀に沿岸や海岸近くに渡来
- **環境** 沖合、沿岸、水田、湖沼

成鳥メス夏羽

見る機会はアカエリヒレアシシギより稀

見る 夏羽では目先から頭上、後頸が黒く、顔は白色。首からの下面は赤褐色。上面は黒褐色の軸斑と淡色の羽縁がある。メスはオスより鮮やか。冬羽は後頭から上面が灰色。顔から下面は白く、目の周りに黒斑がある。

知る 沖合を通過し、海が荒れた後に少数が海岸や近くの水田などに入る。足指に水かき（弁足）があるのが名前の由来。

チドリ目シギ科

101

◀成鳥オス夏羽　▲成鳥メス冬羽。オスでは顔や頭頂に黒色部があるが個体差がある。メスは頭部が白色か灰黒色部がある。冬は夏より羽色が鈍く、足もピンク色になる

大きさ	L37cm
分布	主に旅鳥として各地で渡来する。千葉県東京湾岸で留鳥
環境	干潟、水田、湖沼、河川、湿地

VU（絶滅危惧Ⅱ類）

セイタカシギ（背高鷸）

★★

英 Black-winged Stilt　学 *Himantopus himantopus*

赤く細長い足で優雅に歩く水辺の貴婦人

見る 雌雄はほぼ同色。足がとても細長く、スマートな体つき。嘴も細長い。頭部から下面は白色で、顔や頭部に黒色部や灰黒色部がある。背から上面は緑色光沢のある黒色。虹彩が赤く、足も赤色。

知る 近年は増加傾向。東京湾では留鳥として繁殖し、伊勢湾・三河湾沿岸などでも繁殖が確認されている。また越冬するものもいる。歩きながら嘴で泥の表面をついばみ、昆虫や甲殻類、ゴカイなどを食べる。歩くときなど首を前後に振る。ピューイッ、ケッケッケッなどと鳴く。

ごく稀な旅鳥または冬鳥の別種ソリハシセイタカシギ（*Recurvirostra avosetta*）。嘴が上に反る

飛翔する群れ。飛翔時の姿は、足が後方に長く突き出て特徴的

チドリ目セイタカシギ科

102

ツバメチドリ
（燕千鳥）　★★

[学] *Glareola maldivarum*
[英] Oriental Pratincole

- 大きさ　L25cm
- 分布　旅鳥または夏鳥として各地に渡来、局地的に繁殖する
- 環境　畑、埋立地、干潟、河原、草地

VU（絶滅危惧Ⅱ類）

成鳥夏羽。嘴は短くて鋭い。夏羽では基部が赤いのが特徴

成鳥冬羽。冬羽は全体に淡色で、喉の黒線も不明瞭。嘴は基部まで黒い

ツバメを大きくしたような体形が名前の由来

見る　夏羽は頭部から胸、体の上面が灰褐色。喉は黄白色で目の下から伸びる黒線に囲まれる。腹部は白い。飛翔形は翼の先が尖り、燕尾で、白い腰がよく目立つ。

知る　渡来数は多くない。関東地方以西の本州、四国、九州、沖縄で局地的に繁殖。農耕地や河原の地面にコロニーを形成する。主に昆虫を食べる。地上でも餌を探すが、素速く飛びながら採餌することが多い。クリリと鳴く。

ズグロカモメ
（頭黒鷗）　★★

[学] *Larus saundersi*
[英] Saunder's Gull

- 大きさ　L32cm、W85cm
- 分布　冬鳥として主に関東地方以西に渡来。九州北部に多い
- 環境　干潟

VU（絶滅危惧Ⅱ類）

成鳥夏羽。ユリカモメより少し小さく、頭部は頭巾状に黒い

成鳥冬羽。嘴は太く短く、夏冬とも黒い。翼は長めで、初列風切の一部が黒い

名前の由来の夏羽は渡去前の春に見られる

見る　雌雄同色。冬羽では頭部から下面が白色で、頭頂と目の後方に黒斑がある。上面は淡青灰色。夏羽では頭部全体が黒い。2本の灰黒色線と、目の後方に黒斑がある。

知る　世界的な希少種。総個体数は最大値で約8000羽、日本で2000羽近くが越冬。福岡県の曽根干潟や有明海の大授搦・鹿島海岸、熊本県などで多いが、諫早湾では干拓で激減するなど越冬環境の悪化が懸念される。干潟に依存し、主にカニを食べる。

全国で普通に見られるが、厳冬期の北海道ではほとんど移動する。飛翔時は初列風切の先が黒くて目立つ

ユリカモメ（百合鷗）

英 Black-headed Gull　学 Larus ridibundus

冬に全国でごく普通に見られる小型カモメ

見る 雌雄同色。冬羽は頭部から下面と尾が白く、目の後ろに黒褐色斑がある。体上面は青灰色。夏羽は頭部が仮面をかぶったように黒い。嘴はやや細長く、冬は赤くて先が黒く、夏は暗赤色。足は赤い。

知る 海岸の他、内陸の河川や湖沼でも見られる。京都の賀茂川では冬の風物詩になっているが、1974年に初めて琵琶湖から移動した。群れで生息。小魚や甲殻類の他、昆虫や果実を食べ、ゴミも漁る。在原業平の『伊勢物語』に登場する隅田川の都鳥は本種とされる。ギィーと鳴く。

大きさ	L40cm、W92cm
分布	冬鳥として全国に渡来する。北海道では厳冬期は暖地へ移動する
環境	海岸、干潟、河川、湖沼

成鳥夏羽。渡去前の4月頃には夏羽個体がよく見られる

成鳥冬羽。頭上に黒線があるものもいる

チドリ目カモメ科

シロカモメ
(白鷗) ★★

学	*Larus hyperboreus*
英	Glaucous Gull

- 大きさ L71cm、W160cm
- 分布 冬鳥として主に関東地方以北に渡来
- 環境 沖合、沿岸、港湾

成鳥冬羽。日本産カモメ類では最大クラス。嘴も太め

第三回冬羽。体上面の色も淡く、他のカモメ類に比べて明らかに白っぽく見えるのが特徴

他のカモメ類より大きくひときわ白く見える

見る セグロカモメより大きい。雌雄同色で頭部から下面は白色。上面は淡い青灰色。冬羽では頭部から胸に褐色斑がある。幼鳥は淡褐色みがあり、第一回冬羽*では全身が白っぽい。嘴はピンク色で先が黒い。4年で成鳥羽になる。

知る 北日本に多く、関東地方以西では稀で、他のカモメ類の群れに混ざる。北海道では越夏するものもいる。魚類や甲殻類、ウニなどの他、アザラシなどの死骸も食べる。

ワシカモメ
(鷲鷗) ★

学	*Larus glaucescens*
英	Glaucous-winged Gull

- 大きさ L65cm、W140cm
- 分布 冬鳥として主に関東地方以北に渡来
- 環境 沖合、沿岸、港湾

成鳥冬羽。嘴は先端の方でより太くなる

成鳥夏羽。冬鳥として渡来するが、北海道では越夏するものもいる

鷲のように太い嘴を持つ大型のカモメ

見る 日本産カモメ類の中では最も嘴が大きくて太い。また成鳥では初列風切が灰色なのも最大の特徴。夏羽では頭部から下面が白く、冬羽では頭部から胸に淡褐色斑がある。上面は青灰色。幼鳥は全身が灰褐色で足に黒みがある。第一回冬羽では淡色みが増す。4年で成鳥羽になる。

知る 北日本に多く、関東地方以西では稀で、他のカモメ類に混じる。魚類などを食べ、他の動物の死骸も食べる。

105 *成鳥になるまで数年かかるカモメ類では、若鳥は成長して換羽するたびに羽色が少しずつ変化する

漁労屑の魚のアラを食べる冬羽の成鳥。雑食で何でも食べ、水田に飛来しオタマジャクシを食べた例もある

翼上面は暗色で、飛翔時には翼の後縁の白色帯がよく目立つ

第一回冬羽。上面が白っぽい。4年で成鳥羽になる

成鳥夏羽。頭部や下面は純白

オオセグロカモメ（大背黒鷗）

英 Slaty-backed Gull　　学 Larus schistisagus

上面が暗色の大型カモメ。都市部にも進出中

- 大きさ　L64cm、W150cm
- 分布　留鳥として北海道と東北地方北部に分布する。東北地方以南では冬鳥
- 環境　沿岸、海岸、砂浜、港湾

見る　大型のカモメ類。体の上面が黒灰色で、他のカモメ類より明瞭に濃い。冬羽では頭部から胸に褐色斑があり、目の周りは濃くて、目つきが鋭くて見える。嘴は太めで、黄色くて下嘴に赤色斑がある。

知る　北日本の海岸や離島の断崖で集団繁殖する。近年は増加傾向で、1980年代には札幌市中心街にも進出、ビルでの繁殖例も増えている。主に水面に浮いた魚類、イカや貝などを食べ、魚のアラやゴミも漁る。また他の海鳥の卵や雛を襲うため、稀少海鳥類の脅威になっている。

チドリ目カモメ科

106

セグロカモメ
（背黒鷗）

学 *Larus argentatus*
英 Herring Gull

大きさ L61cm、W145cm
分布 冬鳥として全国に渡来
環境 沿岸、海岸、砂浜、港湾、河川、湖沼

成鳥冬羽。オオセグロカモメに比べ、顔は優しげに見える

成鳥夏羽。頭部から胸は白色になるが、なかなか見る機会はない

名前に反し上面は青灰色。冬には普通に見られる

見る オオセグロカモメに似るが、上面が青灰色。翼下面は先端部が黒く、その内側が灰色で、色のコントラストが明瞭。冬羽では頭部から胸に褐色斑がある。4年で成鳥羽になるが、若鳥はオオセグロカモメ若鳥との識別が困難。

知る 冬に全国で普通に見られ、西日本に多い。北海道では厳冬期は少なく、越夏は稀。魚類やカニなどを食べる他、漁港や水産加工場の周りに群れて魚のアラなどを漁る。

カモメ
（鷗）

学 *Larus canus*
英 Common Gull

大きさ L45cm、W118cm
分布 冬鳥として北海道から九州に渡来
環境 沿岸、沖合、港湾

成鳥冬羽。頭部から胸には褐色斑が多数ある

亜種コカモメ成鳥夏羽。頭部から胸は白色。目は黒く、虹彩が淡黄色のウミネコと区別できる

黄色い嘴に赤色斑なし。他のカモメ類に混じる

見る ユリカモメに似るが少し大きく、嘴は細く短く見える。中～大型カモメ類の嘴は黄色くて下嘴の先端近くに赤色斑があるが、本種には赤色斑がなく、薄い暗色斑を持つものが多い。また初列風切の先端が黒く、そこに白斑を持つものも多い。雌雄同色。

知る 渡来数はそれほど多くはなく、他のカモメ類の群れに混じる。魚類や甲殻類などを食べる。漁港で出る魚のアラなどもよく食べる。

107

夏羽成鳥と雛。成鳥の嘴は先端が赤くその内側が黒い。カモメ類の雛は親鳥の嘴にある赤色斑をつついて餌をねだる

飛島（山形県）の繁殖コロニー。繁殖地は日本周辺に限られるため、飛島や青森県の蕪島など、多くのコロニーが国の天然記念物に指定されている

第一回冬羽。4年で成鳥羽になる

成鳥冬羽。雌雄同色。足は黄色

ウミネコ（海猫）

英 Black-tailed Gull　学 Larus crassirostris

日本で数多く繁殖。尾先に黒帯がある

見る 中型のカモメ類で、成鳥の尾に黒帯があるのが最大の特徴。夏羽では頭部から下面が白色、上面は黒灰色。冬羽は頭部に淡褐色斑がある。

知る 海岸の断崖などにコロニーを形成して繁殖する。また東京上野のビル屋上で繁殖した例もある。密集して巣を作るため、お辞儀姿勢で鳴くミューコール、鳴きながら地面をつつくチョーキングなどの*なわばりディスプレイをおこなう。時には嘴を挟み合って争い、他の巣の雛にも攻撃的。魚類やイカ、甲殻類の他、昆虫なども食べる。

大きさ	L46cm、W120cm
分布	全国で留鳥または漂鳥。北海道〜九州の沿岸や離島で繁殖
環境	沿岸、港湾、海岸

天然記念物（青森県蕪島、岩手県椿島、島根県経島、宮城県陸前江ノ島、山形県飛島）

チドリ目カモメ科

*なわばりディスプレイ：自分のなわばりを主張するディスプレイ。余計な闘争を避ける意味がある

ミツユビカモメ
（三趾鷗）
★★

学 *Rissa tridactyla*　英 Black-legged Kittiwake

大きさ	L41㎝、W91㎝
分布	冬鳥として北海道から九州に渡来。北海道では越夏。沖縄・西表島の記録あり
環境	沿岸、港湾、海岸

成鳥冬羽

後趾が退化しているから三趾のカモメ

見る 雌雄同色。冬羽では頭部から下面が白色、上面は濃いめの青灰色。頭部は耳の後ろから後頭に黒斑がある。初列風切の先は黒い。嘴は淡黄色。2年で成鳥羽になり、若鳥は飛翔時、上面にM＊字状の黒帯が出る。

知る 外洋性で、沿岸には海が荒れた後などに飛来、フェリー航路などでよく見られる。主に魚類や無脊椎動物などを食べる。

ヒメクビワカモメ
（姫首輪鷗）
★★★

学 *Rhodostethia rosea*　英 Ross's Gull

大きさ	L31㎝、W84㎝
分布	稀な冬鳥として主に北日本に渡来
環境	海岸、沿岸、港湾

第一回冬羽

ごく稀に渡来する体と嘴の小さなカモメ

見る 小型のカモメで嘴が短く、尾がくさび尾。夏羽では首輪状の黒線があり、頭部から下面が薄桃色。冬羽は頭頂や首の後方に黒斑がある。第一回冬羽は飛ぶと翼上面にM字状の黒帯が出る。

知る 数は少なく、オホーツク海沿岸の斜里や稚内で比較的観察例がある。それ以外はごく稀。水面で小動物を食べる。

トウゾクカモメ
（盗賊鷗）
★★★

学 *Stercorarius pomarinus*　英 Pomarine Skua

大きさ	L49㎝、W132㎝
分布	旅鳥として主に太平洋側に渡来
環境	沿岸、沖合

淡色型若鳥

他の海鳥から獲物を奪う空の盗賊

見る 雌雄同色。淡色型と暗色型、中間型がある。淡色型は頭上と上面が黒褐色。頸側は黄色く、下面は白くて胸に横帯がある。暗色型は翼に白帯があり、中央尾羽は長く先がスプーン状になる。

知る 飛びながら他の海鳥を襲い、魚などを吐き出させて奪う。外洋性で、主に春と秋に太平洋側の海上で見られる。

109　外洋性：繁殖期以外のほとんどを外洋で生活する鳥

亜種アカアシアジサシ。名前の通り足が赤く、嘴も赤くて先端が黒い

飛翔する群れ。時折、沖合を大群で通過するのが観察される。海が荒れた時には内陸の湖沼などに入ることもある

亜種アジサシ。嘴は鋭くて、黒色。足は黒褐色。キッ、キュッなどと鳴く

アジサシ（鯵刺）

英 Common Tern　学 *Sterna hirundo*

翼も尾も細く、飛翔に適したスマートな体形

大きさ	L35㎝
分布	旅鳥として全国に渡来。稀に夏も見られる
環境	海岸、干潟、河口、沿岸

見る　雌雄同色。夏羽では額から後頭まで黒色で、頬から首は白色。上面は灰色、胸から下面は淡い灰色。冬羽は額がはげ上がったように白く、体の下面は白っぽくなる。翼は細く尖り、尾は燕尾。

知る　渡来数は年によって変化するが、数百〜数千羽の群れになることもある。稀に越夏し、富山県、群馬県、東京都で繁殖記録があり、亜種アカアシアジサシも兵庫県尼崎市で繁殖記録がある。飛びながら魚を探し、停空飛翔で狙いを定め、水中にダイビングして捕らえる。

マミジロアジサシ（眉白鯵刺）

英 Bridled Tern　学 *Sterna anaethetus*

大きさ	L36㎝
分布	夏鳥として宮古諸島、八重山諸島に渡来
環境	繁殖地の沿岸

近年、じわりと繁殖域が北上中

成鳥夏羽

見る　雌雄同色。夏羽は頭頂から後頭と過眼線が黒く、つながっている。眉斑と頬から体の下面は白色、上面は灰黒色。尾は深い燕尾で外側が白い。

知る　沖縄の伊是名島、水納島、宮古諸島、石垣島、仲の神島で繁殖。本州と北海道で1800年代の古い記録や硫黄列島の観察記録がある。魚類やイカを食べ、流れ藻につく魚の割合が高い。

チドリ目カモメ科

成鳥冬羽。額の白色部が広がる。過眼線も目先で途切れるようになる

親子。巣はくぼみに貝殻などを敷く程度。巣に近づく天敵にはモビングする

停空飛翔する夏羽成鳥。翼は先が尖り、初列風切は黒色。翼下面は白く見える。尾は凹尾

コアジサシ（小鯵刺） ★

学 *Sterna albifrons*　英 Little Tern

河原や埋立地で集団繁殖する小さいアジサシ

大きさ　L26cm
分布　夏鳥として本州以南に渡来する
環境　海岸、港湾、河川・河口、湖沼
VU（絶滅危惧Ⅱ類）

見る　アジサシより一回り小さい。雌雄同色。夏羽では頭部の黒色部と過眼線がつながり、眉斑と頬から胸、体の下面は白い。背や翼上面は灰色、腰や尾は白色。嘴は黄色く、先端が黒い。足は橙色。

知る　砂浜や河原・中州、埋立地にコロニーを作って繁殖。繁殖適地が減り個体数も減っているが、東京都の森ヶ崎水処理センター屋上の人工営巣地で繁殖した例もある。繁殖時、オスは交尾前にメスに求愛給餌をおこなう。水中にダイビングして主に魚類を食べる。キリッキリッと鳴く。

エリグロアジサシ（襟黒鯵刺）★★

学 *Sterna sumatrana*　英 Black-naped Tern

大きさ　L30cm
分布　夏鳥として主に奄美諸島以南に渡来
環境　沿岸、海岸
NT（準絶滅危惧）

成鳥夏羽

白い体に黒い襟元がワンポイント

見る　体は背や翼の上面がごく淡い青灰色で、かなり白く見える。過眼線から後頭につながる黒帯がある。嘴と足は黒色。尾は深い燕尾になる。

知る　九州以北では稀だが、東京湾三番瀬や千葉外房の記録もある。サンゴ礁域の砂浜や砂州にコロニーを作って繁殖。ゆっくり舞い降りて、水面で魚をくわえ捕ることが多い。ギュイッと鳴く。

チドリ目カモメ科

夏羽成鳥の飛翔。エリグロアジサシより澄んだ声で、ギュイッ、キィーと鳴く

サンゴ礁上で休む群れ。沖縄では数多く繁殖するが、観光化の影響で繁殖地が消滅するなどの問題も起きている

成鳥夏羽。冬羽では額から頭頂が白くなり、嘴も黒くなる

ベニアジサシ（紅鯵刺）

★★

英 Roseate Tern　学 *Sterna dougallii*

大きさ L33cm
分布 夏鳥として主に奄美諸島以南に渡来
環境 沿岸、海岸、港湾
VU（絶滅危惧Ⅱ類）

黒いベレー帽と赤いソックスを履いたアジサシ

見る 雌雄同色。夏羽では額から頭上が黒色。顔から下面は白色。背や翼上面はごく淡い青灰色。嘴は細長く、基部が赤く先端は黒色だが、繁殖期には全体が赤くなる。足も赤色。尾は深く切れ込む燕尾。

知る 主に奄美諸島以南で繁殖するが、種子島と馬毛島、有明海の炭坑用に作られた人工島・三池島での繁殖が確認された。海岸の砂礫地にコロニーを作って繁殖。千葉県、神奈川県、愛知県など迷行例も多い。主に魚やイカを飛びながら水面でくわえ捕ったり水中に飛び込んで捕らえる。

セグロアジサシ（背黒鯵刺）

★★★

英 Sooty Tern　学 *Sterna fuscata*

大きさ L43cm
分布 夏鳥として小笠原諸島、仲の神島（沖縄）、尖閣諸島などで繁殖
環境 繁殖地の沿岸

成鳥夏羽

上面が黒褐色。繁殖地以外ではごく稀

見る 雌雄同色。夏羽は額から目の上と、顔から体の下面が白色。過眼線と頭部からの体の上面は黒褐色。嘴と足は黒い。尾は切れ込みの深い燕尾。幼鳥は全体に黒褐色で、背や翼に白点がある。

知る 外洋性で、日本では繁殖地周辺の海上で見られる程度。本州や四国で台風での迷行記録がある。沖縄の仲の神島は本種の一大繁殖地である。

チドリ目カモメ科

オオアジサシ（大鯵刺）

★★★

【学】 *Sterna bergii* 【英】 Great Crested Tern

大きさ	L45cm
分布	夏鳥として小笠原諸島と尖閣諸島で繁殖、他では稀な旅鳥
環境	沿岸、海岸

VU（絶滅危惧Ⅱ類）

ウミネコほどの大きさ。冠羽と嘴が特徴

成鳥夏羽

【見る】頭部は平たくて冠羽がある。夏羽では額から頭部が黒色。顔から首、下面は白色。上面や尾は暗灰色。冬羽では額から頭頂が白くなる。嘴は大きくて黄色。足は黒色。

【知る】渡りの時期に愛知県、三重県、兵庫県などで定期的に見られる。また徳之島で繁殖記録がある。停空飛翔から急降下して魚やイカを捕らえる。クリークリーと鳴く。

クロハラアジサシ（黒腹鯵刺）

★★★

【学】 *Chlidonias hybrida* 【英】 Whiskered Tern

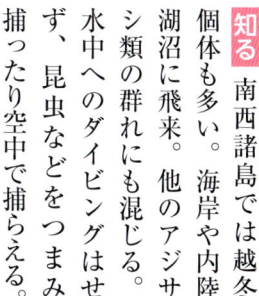

大きさ	L26cm
分布	旅鳥として各地に渡来し、越冬するものも
環境	内湾、干潟、河川、湖沼、湿地

沼アジサシ*と呼ばれダイビングをしない

成鳥夏羽

【見る】雌雄同色。夏羽では頭上が黒く、顔から首が白い。体は灰黒色で腹に大きな黒斑がある。嘴と足は赤い。冬羽は頭部が白黒の斑で、下面は白色。嘴と足は黒色。

【知る】南西諸島では越冬個体も多い。海岸や内陸湖沼に飛来。他のアジサシ類の群れにも混じる。水中へのダイビングはせず、昆虫などをつまみ捕ったり空中で捕らえる。

クロアジサシ（黒鯵刺）

★★★

【学】 *Anous stolidus* 【英】 Brown Noddy

大きさ	L42cm
分布	夏鳥として小笠原諸島、宮古島、仲の神島（沖縄）などで繁殖
環境	繁殖地の沿岸

全身が黒っぽい南の島のアジサシ

成鳥と幼鳥（左）

【見る】雌雄同色。体全体が黒褐色で、額は白く、頭上は灰白色。嘴も足も黒い。尾はくさび尾。迷鳥でよく似たヒメクロアジサシは一回り小さい。体は黒みが強く、額の白色部が広い。嘴も長め。

【知る】繁殖地周辺の海域で見られるが他では稀。離島やサンゴ礁の岩礁で繁殖。巣らしい巣を作らず、岩場に直接1卵を産む。魚類とイカを食べる。

チドリ目カモメ科

沼アジサシ：クロハラアジサシの仲間は内陸の湖沼によく飛来するため、このように呼ばれる

成鳥夏羽。白と黒のコントラストが明瞭。次列・三列風切の先端が白い

アラスカの繁殖地。かつては日本でもこのような光景が見られた。現在、繁殖地に成鳥を誘引するため、*デコイや音声装置の設置など保護対策が進められている

成鳥冬羽。脇に不明瞭な黒褐色斑がある。冬は少数が本州中部まで南下する

ウミガラス（海烏） ★★★

英 Common Guillemot　学 *Uria aalge*

絶滅の瀬戸際に追いつめられたオロロン鳥

見る 雌雄同色。夏羽では頭部から首、体の上面が黒褐色で、下面は白い。冬羽は顔から頸側にかけても白色になる。嘴と足は黒い。

知る かつては天売島などに数万羽が生息し繁殖したが、現在ではごく少数が生息するのみで、繁殖も途絶えがち。近年の繁殖失敗にはオオセグロカモメやカラスによる卵や雛の捕食が影響大。岩棚に直接1卵を産むが、卵が洋梨形なので転がり落ちない。潜水して魚類やイカなどを食べる。ウルルーンと鳴き、地元でオロロン鳥と呼ばれている。

- **大きさ** L43cm
- **分布** 冬鳥として本州中部以北の海上に渡来。北海道の天売島で繁殖
- **環境** 沿岸、海岸
- CR（絶滅危惧ⅠA類）

ハシブトウミガラス（嘴太海烏） ★★★

英 Brünnich's Guillemot　学 *Uria lomvia*

カラスというよりもペンギンに似た姿

成鳥冬羽

見る ウミガラスに似るが嘴が太く、上嘴の基部に白線がある。夏羽は頭部から首、体の上面が黒褐色。下面は白い。冬羽は喉から下面が白くなるが、顔は黒いまま。次列・三列風切の先は白色。

知る 沖合にいて船上からよく見られるが、時に港湾内に入る。潜水してイカナゴなどの魚類やイカ、甲殻類を食べる。水深100mも潜水可能。

- **大きさ** L46cm
- **分布** 冬鳥として本州中部以北の海上に渡来する
- **環境** 沿岸

洋梨形の卵：卵の頂点側を中心に、円を描くように転がるため、岩棚から落ちない

チドリ目ウミスズメ科

成鳥夏羽。目の周りの白色部も特徴的。英名は眼鏡をかけたウミバトの意味

成鳥冬羽。目の周りの白色部も小さくアイリング状。冬期は本州中部まで南下。伊豆諸島の八丈島での観察記録もある

名前はアイヌ語で「赤い足」を意味する「ケマフレ」に由来する

ケイマフリ（海鵐） ★★

学 *Cepphus carbo* 英 Spectacled Guillemot

赤い足がトレードマーク。名前もそれにちなむ

見る 雌雄同色。夏羽では体全体がほぼ黒色で、目の周りだけが白い。嘴は黒く、足は赤色。冬羽は喉から頬、体の下面が白くなる。

知る 北海道の天売島、知床半島、大黒島、ユルリ・モユルリ島、松前小島、青森県尻屋崎などで繁殖。崖や急斜面の岩穴や隙間を利用し産卵。消失した繁殖地も多く、近年は生息数、繁殖数ともに激減している。潜水して主に魚類の他、タコやカニを食べる。ピィーピィーと鳴き、繁殖期にはチッチッチッとも鳴く。

大きさ	L37㎝
分布	東北地方北部以北で留鳥、同以南から本州中部で冬鳥
環境	沿岸、沖合

VU（絶滅危惧Ⅱ類）

ウミバト（海鳩） ★★★

学 *Cepphus columba* 英 Pigeon Guillemot

成鳥夏羽

大きさも姿もハトに似たウミスズメ

見る ウミガラスより小さくキジバト大。雌雄同色。夏羽では頭部から体は暗灰黒色。雨覆が白く2本の黒線が入る。冬羽は頭部や背は灰色っぽく額や目先が黒い。下面は白色。嘴は黒く足は赤い。

知る 北海道では比較的道東で見られるが、道北では稀。本州では千葉県銚子の記録がある。潜水して魚類や甲殻類を食べる。ピィーと鳴く。

大きさ	L33㎝
分布	稀な冬鳥として北日本の海上に渡来
環境	沿岸、沖合

チドリ目ウミスズメ科

デコイ：コロニー繁殖する習性を持つ稀少鳥類を、繁殖地に誘引するために使う模型

ウミスズメ
（海雀）　★★

学 *Synthliboramphus antiquus*
英 Ancient Murrelet

- **大きさ** L26㎝
- **分布** 東北地方北部以北で留鳥、北海道から本州で冬鳥
- **環境** 沿岸、沖合
- CR（絶滅危惧ⅠA類）

成鳥夏羽。首が短くて丸みのある体形をしている。嘴は肉色

成鳥冬羽。海上での油流出事故の影響を受けやすいため、事故を防ぐ対策が望まれる

繁殖地はわずかながら冬にはよく見られる

見る 雌雄同色。夏羽では頭部と喉が黒色で、目の後方に白い飾り羽がある。胸の横や体上面は灰黒色。冬羽は目の後方や喉が白くなる。

知る 北海道の天売島で繁殖。断崖の岩穴で繁殖するため他の繁殖地の現状は不明だが、山形県飛島で繁殖の可能性があり、新潟県では幼鳥が確認されている。繁殖期以外は海上で暮らし、潜水してアミ類や小魚などを食べる。冬は本州沿岸でもよく見られる。

カンムリウミスズメ
（冠海雀）　★★★

学 *Synthliboramphus wumizusume*
英 Japanese Murrelet

- **大きさ** L24㎝
- **分布** 留鳥として全国の海域に分布。北日本では冬に南へ移動するものもいる
- **環境** 沿岸、沖合
- VU（絶滅危惧Ⅱ類）、天然記念物

成鳥夏羽。カラスなどの捕食や釣り人の侵入が問題化し、繁殖地の保護対策が進められている

成鳥夏羽。チッチッ、ピュピュピュなどと鳴く

日本近海でのみ分布する冠をかぶったウミスズメ

見る 雌雄同色。夏羽では頭頂に黒い冠羽があり、目の上から後頭が白色。頭部から首は黒色。体の上面は青灰色。冬羽は冠羽がなく喉が白い。

知る 日本近海にのみ分布し、ウミスズメ類で最も南で繁殖する。最大繁殖地は宮崎県枇榔島（びろうじま）で、伊豆諸島でも多い。岩穴や石の隙間に卵を直接産む。雛はふ化後、断崖を転げ落ちるように海に移動する。潜水して小魚や甲殻類などを食べる。国の天然記念物。

チドリ目ウミスズメ科

116

成鳥夏羽（アラスカの繁殖地で）。飾り羽と橙色の嘴が特徴的

エトロフウミスズメ
（択捉海雀）　★★

- 学 *Aethia cristatella*
- 英 Crested Auklet

- 大きさ　L24cm
- 分布　冬鳥として北海道と本州北部に渡来
- 環境　沿岸、沖合

成鳥冬羽。体は上面が黒褐色、下面が灰黒色。冬も飾り羽があるが、夏羽ほどは目立たない

変わった形の飾り羽を持つ北のウミスズメ

見る　雌雄とも黒っぽい体で額の前にカールした房状の飾り羽と、目の下に白い線状の飾り羽がある。夏羽では嘴が鮮やかな橙色。冬羽では飾り羽が短く目立たなくなり、嘴も黒みを帯びる。足は青灰色。

知る　冬鳥として主に北海道の沿岸で観察される。春先のフェリー航路やクルーズ船では大きな群れも見られる。海が荒れると海岸に来て、保護されることもある。潜水して小魚や甲殻類などを食べる。

成鳥夏羽。上面は黒褐色、喉から胸、脇は灰色で、下面は白い。冬羽は飾り羽や嘴の突起がない

帰巣した親鳥。この餌を奪おうとウミネコが襲い、大騒ぎになる

ウトウ
（善知鳥）　★★

- 学 *Cerorhinca monocerata*
- 英 Rhinoceros Auklet

- 大きさ　L38cm
- 分布　北海道と東北の一部で留鳥または夏鳥、他の北日本で冬鳥
- 環境　繁殖地の海岸、沿岸
- 天然記念物（宮城県陸前江ノ島）

嘴の「突起」を意味するアイヌ語が名前の由来

見る　雌雄同色。夏羽では目の斜め上後方と頬に白い飾り羽があり、嘴の上嘴基部に突起が発達するのが特徴。

知る　北海道や東北北部の離島や海岸で繁殖。特に天売島は数十万羽が繁殖し、繁殖期の夕方に親鳥が一斉に帰巣する様子は壮観。巣穴は斜面の草地に掘る。潜水して魚類やイカなどを食べる。この鳥が青森で亡くなった烏頭中納言藤原安方の化身であるなど、関連する伝承や説話が多い。

チドリ目ウミスズメ科

岩棚で休む夏羽成鳥。繁殖期は断崖上の草地に巣穴を掘って繁殖する

飛び立つときは水面での助走が必要

ごく稀な冬鳥として渡来する近似種のツノメドリ（*Fratercula corniculata*）は、南千島では繁殖している。北海道沿岸や日本海側で観察例がある

成鳥夏羽。名前は「美しい嘴」を意味するアイヌ語に由来する。クルルルと鳴く

エトピリカ（花魁鳥）

英 Tufted Puffin　学 *Fratercula cirrhata*

美しい嘴と飾り羽で着飾った北の花魁鳥

見る　雌雄同色。夏羽では顔が白く、目の上から後頭に房状で黄白色の飾り羽が垂れ下がる。体は黒色。嘴は大きく扁平で、橙赤色。足も橙赤色。冬羽では顔や嘴基部が灰黒色で、飾り羽はない。

知る　現在、北海道のユルリ、モユルリ島で約10つがいが繁殖。霧多布小島、大黒島では継続的な繁殖は認められず、デコイによる誘引などの保護増殖策もおこなわれている。知床半島では夏季に南千島の繁殖個体が飛来する。潜水してイカナゴなどの魚類やイカ、オキアミなどを食べる。

- 大きさ　L39cm
- 分布　北海道の一部で夏鳥、主に北日本の太平洋側で稀な冬鳥
- 環境　沿岸、沖合
- CR（絶滅危惧ⅠA類）

チドリ目ウミスズメ科

野山の鳥

主に野山に生息する鳥の仲間たち

▶成鳥オス。海上の杭や航路燈によく止まっている
▲成鳥メス。狩りの様子は豪快。捕らえた魚は頭を前方に向けてつかみ、運ぶ

ミサゴ（鶚、魚鷹）

★★

英 Osprey　　学 *Pandion haliaetus*

海辺の空を颯爽と飛んで豪快な狩りを見せる

見る 頭部が白く、黒褐色の太い過眼線が後頭まで伸びる。後頭には短い冠羽がある。体の上面は黒褐色、下面は白色。胸には黒褐色の横帯があるが個体差があり、メスは太く濃い。虹彩は黄色。

知る 魚類を主食とし、魚をつかみやすいように足指の鱗片が尖る。停空飛翔から急降下し、水面に飛び込んで捕える。海岸や河口域では主にボラやスズキを、淡水域ではフナ類を食べる。海岸の崖や岩の上、高木などに巣を作り、電波塔での営巣例もある。ピョッピョッなどと鳴く。

大きさ	L オス 54cm、メス 64cm、W155〜175cm
分布	留鳥として全国に分布。北日本では冬に暖地へ移動、南西諸島では冬に多い
環境	海岸、河川、湖沼

NT（準絶滅危惧）

飛翔中は、翼が細長く下面が白く見える

成鳥（左オス、右メス）。近年、環境汚染の影響で繁殖率が低下している

タカ目ミサゴ科

120

▲淡色型成鳥メス。体色は個体差が大きい。虹彩はオスは赤みのある暗色で、メスは黄色い　▲中間型成鳥オス

暗色型成鳥メス 　　暗色型成鳥オス。翼下面と尾の太い黒色帯が目立つ 　　中間型幼鳥。幼鳥は翼端が黒く、翼下面や尾の黒色帯は細い。飛翔時は翼は幅広く、他のワシタカ類より頭部が長く見える。尾は円尾

ハチクマ（蜂角鷹、八角鷹） ★★ 🌲

学 *Pernis ptilorhynchus*　**英** Oriental Honey Buzzard

ハチが大好物なワシタカ類きっての偏食家

見る 体の上面は暗褐色だが頭部や翼、体下面の体色には淡色型や暗色型、その中間型がある。オスは尾に2本の太い黒色帯があり、メスは尾の黒色帯が2～3本で細い。

知る ハチ類の幼虫や成虫を好んで食べ、特にスズメバチ類の地中の巣を掘り起こして捕らえる。また養蜂場に来ることもある。ハチへの防御には、硬い羽毛説や体臭説がある。チョウの幼虫やムカデ、カエルやトカゲなどを捕らえた例もある。春と秋に集団の渡りをするが、南西諸島では少ない。ピーエーと鳴く。

大きさ L オス57cm、メス61cm、W121～135cm
分布 夏鳥として北海道から九州に渡来する
環境 平地から低山の林
NT（準絶滅危惧）

タカ目タカ科

成鳥の飛翔。飛翔時は翼が長方形に見える。トビよりも一回り以上大きく、迫力がある。クワックワッなどと鳴く

オジロワシ（尾白鷲）

英 White-tailed Eagle　学 *Haliaeetus albicilla*

★★

北の大空に羽ばたく、純白の尾を持つワシ

大きさ	L オス83cm、メス92cm、W199〜228cm
分布	冬鳥として主に北日本に渡来。北海道の一部で繁殖
環境	海岸、河川、湖沼

EN（絶滅危惧ⅠB類）、天然記念物

見る 雌雄同色。全体に褐色を帯びるが、頭部は淡色。尾はややさび形で、成鳥は名前の通り白色。嘴と足は黄色。

知る 北海道の道東に多いが、東北地方をはじめ本州から九州にも渡来記録がある。主に魚類を食べ、海鳥を捕らえたり、アザラシの死骸を食べたこともある。北海道のスケトウダラ漁が衰退後、内陸部でハンターが放置したエゾシカの死骸を食べ、散弾に含まれた鉛で中毒死する個体が増えた。そのため、北海道では鉛弾の使用が制限されている。

若鳥は褐色みが強い。尾も褐色部が多く、嘴も黒っぽい

成鳥。本種とオオワシは国の天然記念物に指定されている

タカ目タカ科

流氷の上で獲物を食べる成鳥。漁船が落とした魚を食べることも多い。幼鳥は翼や尾を含めて全体に褐色みが強い

オオワシ（大鷲） ★★

学 *Haliaeetus pelagicus*　**英** Steller's Sea Eagle

文字通りの大鷲。黄色の大きな嘴も迫力満点

見る オジロワシより大きい。雌雄同色で、頭部から体は濃い黒褐色。小雨覆と下雨覆の一部、尾は白色で目立つ。嘴は大きくて黄色。足も黄色。

知る 北海道の道東に多いが、本州などにも稀に渡来する。諏訪湖で保護された個体がその後、続けて渡来したり、琵琶湖に渡来することも知られる。主に魚類を食べ、海鳥や動物の死骸も食べる。オジロワシと同様に鉛弾による中毒死の危険があるほか、近年は発電風車によるバードストライクも脅威になっている。グワッグワッと鳴く。

大きさ	Lオス88㎝、メス102㎝、W220〜250㎝
分布	冬鳥として主に北日本に渡来する
環境	海岸、河川、湖沼

VU（絶滅危惧Ⅱ類）、天然記念物

タカ目タカ科

飛翔時は翼の後縁が膨らんで見え、尾は長いくさび尾

ねぐら木に集まるのは、餌情報を共有するためらしい

バードストライク：野鳥が建物などの構造物に衝突すること

成鳥。飛翔中は尾の先が角尾にも見える。翼も尾も長めで、上昇気流に上手に乗って輪を描くように帆翔する

トビ（鳶）

英 Black Kite　学 *Milvus migrans*

大きさ	Lオス59cm、メス69cm、W157〜162cm
分布	留鳥として北海道から九州に分布。南西諸島では稀な冬鳥
環境	海岸、平地から山地の林、農耕地、湖沼、市街地

海辺から山地まで幅広く生息する馴染みの鳥

見る 雌雄同色。全身が暗茶褐色で淡色の羽縁があり、翼下面は初列風切の基部にある白斑が目立つ。日本産ワシタカ類で唯一、尾が凹尾。

知る 海辺から山地まで生息し、身近な野鳥の1つ。魚や小動物、昆虫を食べたり、動物の死骸や残飯も食べる。急降下して水面や地面の食物を取ることも多い。近年は餌付けが原因で、人から食物を奪うものが増え問題になっている。条件のよい場所では集団的に繁殖。非繁殖期は、数十羽もの集団でねぐらをとる。ピーヒョロロとよく鳴く。

▲幼鳥。体には淡色の縦斑や羽縁が目立つ
▶成鳥。体も大きく嘴も鋭いが、目はかわいらしさがある

タカ目タカ科

成鳥オス。虹彩は雌雄ともに黄色。静止時、翼端が尾端にまで達するのも特徴。稀に全身が暗褐色の暗色型も見られる

サシバ（差羽、鵇鳩） ★★ 🌲

学 *Butastur indicus* 　**英** Grey-faced Buzzard

谷戸田に棲む里山のタカ。集団の渡りも有名

見る 大きさ。ハシボソガラスと同じ大きさ。オスは頭部が灰褐色。喉は白く、中央に1本の縦線がある。上面や胸は茶褐色で、下面に茶褐色の横斑がある。メスは眉斑が明瞭で、胸から腹に褐色の横斑がある。

知る 低山の、特に谷戸田*に面した林に生息する。昆虫、鳥類、ネズミ、ヘビ、カエルと、谷戸田に生息する幅広い動物を食べる。春秋には集団で渡りをおこない、伊良湖崎や佐多岬、宮古島などの上空で見られる鷹柱（上昇気流に乗って帆翔する群れ）は、季節の風物詩。ピックィーと鳴く。

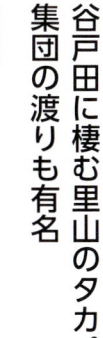

大きさ	Lオス47cm、メス51cm、W105〜115cm
分布	夏鳥として本州〜九州に渡来。南西諸島で旅鳥または冬鳥
環境	低山の林や周辺の農耕地、谷戸田

VU（絶滅危惧Ⅱ類）

成鳥メス（飛翔も）。谷戸田の減少とともに、個体数も減っている

全身が黒褐色の暗色型。非常に稀

タカ目タカ科

*谷戸：丘陵の麓にある谷状の地形。谷津、谷地とも呼ばれる。

キノボリトカゲを捕らえた亜種リュウキュウツミ幼鳥。本亜種は八重山諸島に留鳥で、亜種ツミより翼長が短い

亜種ツミ幼鳥。幼鳥は上面が暗褐色、下面は淡色で、胸に縦斑、腹にはハート形の斑紋、脇に横斑がある

亜種ツミ成鳥オス。虹彩は赤褐色

亜種ツミ成鳥メス。虹彩は黄色

ツミ（雀鷹、雀鷂）

★★

英 Japanese Sparrowhawk　学 *Accipiter gularis*

タカ目タカ科

ハトより小さな狩人。都市近郊で繁殖も

見る キジバトより少し小さい小型のタカ。オスは頭部から上面が暗青灰色。下面は白くて胸から脇は淡い橙色。メスは上面に褐色みが強く、胸から下面に横斑がある。雌雄ともにアイリングは黄色。

知る 主に低山帯の林で繁殖する。都市近郊での繁殖例が増えている一方で、カラスの増加で繁殖に失敗する例も多い。関西以西では繁殖例が少ない。主に小鳥類、都市近郊ではスズメ、低山ではカラ類*を多く食べる。春秋に各地で渡りが見られる。ピョーピョーピョピョピョと鳴く。

- 大きさ　L オス27cm、メス30cm、W51〜63cm
- 分布　夏鳥または留鳥として北海道から九州に分布
- 環境　平地から山地の林

EN（絶滅危惧ⅠB類）：リュウキュウツミ

カラ類：シジュウカラの仲間

成鳥オス。胸や下面の横斑が橙褐色。メスより小さくコノリの異名もある

飛翔する成鳥オス。翼下面と尾には黒色帯がある

幼鳥。成鳥メスに似るが、上面はより褐色みが強く、喉には褐色の縦斑、胸には三日月形の横斑が不規則に入る

のびをする成鳥メス。オスより一回りほど大きい。雌雄ともに虹彩は黄色。

ハイタカ（鷂、灰鷹） ★★

学 *Accipiter nisus*　英 Eurasian Sparrowhawk

タカ目タカ科

素速い羽ばたきのタカ。冬は全国で見られる

見る オスはキジバト大で、メスは少し大きめ。オスは頭部や上面が暗青灰色。下面は白く、橙褐色の横斑がある。メスは上面が灰褐色。下面に褐色の横斑が密に入る。眉斑は雌雄ともに個体差がある。

知る 本州中部ではツミより標高の高い場所で繁殖し、北海道では平地でも繁殖する。下枝の茂った針葉樹林に巣を作るが、それはオオタカなどの天敵を避ける意味があるらしい。主にスズメやカラ類などの小鳥を食べ、時にはツグミやハト類まで捕らえる。キィキィキィと高い声で鳴く。

大きさ	L オス 32㎝、メス 39㎝、W60～79㎝
分布	四国以北で留鳥で本州中部以北と北海道で繁殖、また全国に冬鳥として渡来
環境	平地から山地の林、農耕地、河川敷

NT（準絶滅危惧）

成鳥オス。森林に生息し生物多様性の指標とされるが、近年は都市部への進出も目立つ。ピャーピャーやキャッキャッキャッなどと鳴く

オオタカ（大鷹、蒼鷹）

★★

英 Northern Goshawk　学 Accipiter gentilis

大きさ	L オス 50㎝、メス 58㎝、W105～130㎝
分布	留鳥として北海道から九州に分布
環境	平地から山地の林、農耕地、市街地

NT（準絶滅危惧）

都市近郊へ進出し、巧みな狩りをおこなう

見る オスはハシボソガラス大で、メスは少し大きい。頭部から上面は暗青灰色。頬は青黒色で白い眉斑が明瞭。喉から下面は白くて、胸から腹に暗灰色の細い横斑がある。

知る 平地から山地の林で繁殖し、高く太い針葉樹に営巣。林内でよく行動し、営巣環境も林内の横枝が少ない場所を好む。スズメやハト類、キジ類などの鳥類を主に食べ、リスもよく捕らえる。獲物は待ち伏せから攻撃して捕らえるが、人工物を利用した狩り、ダム湖の水面にカラスを沈めて捕らえたりもする。

▲成鳥オス。翼下面や尾の黒帯が明瞭
◀幼鳥は上面が褐色、下面は黄褐色で縦斑がある

タカ目タカ科

アカハラダカ（赤腹鷹） ★★★

学 *Accipiter soloensis*
英 Chinese Goshawk

- 大きさ L30cm、W30〜36cm
- 分布 旅鳥として主に九州や南西諸島に渡来
- 環境 低山や丘陵地の林、林縁

成鳥オス。虹彩は暗色で、胸は淡い橙褐色

成鳥メス。虹彩は黄色で、オスに比べて胸の橙褐色が濃いので見分けやすい

日本の西端をかすめるように大群が渡る

見る キジバトほどの大きさ。頭上から体の上面は暗青灰色で、下面は白っぽく胸が橙褐色を帯びる。翼下面も淡色で、翼端が黒くて目立つ。

知る 春秋の渡り時期、特に秋に対馬や九州西部、南西諸島で数千〜数万羽の大群が見られる。対馬と南西諸島の飛来数の差から、主に大陸ルートで渡るらしい。島根県で営巣例がある（繁殖は失敗）。カエルなどの小動物や昆虫を食べる。キィーキィーと鳴く。

オオノスリ（大鵟） ★★★

学 *Buteo hemilasius*
英 Upland Buzzard

- 大きさ L オス61cm、メス72cm、W158cm
- 分布 稀な冬鳥として主に西日本に渡来する
- 環境 干拓地、牧草地、農耕地

幼鳥。頭部や首が成鳥より白い

カモを捕らえた成鳥。周囲に集まってきたハシボソガラスを気にしている

日本で見られるノスリ属のタカでは最大の種

見る ノスリやケアシノスリより大きい。頭部や首は淡褐色で、暗褐色の縦斑がある。下面は灰白色で腹は暗褐色気味。上面は褐色で淡色の羽縁がある。尾は淡褐色で、細く淡い横帯がある。翼上面は初列風切の基部に白斑、翼下面は翼角の基部の暗色斑が目立つ。

知る 稀な冬鳥で、開けた草地や農耕地などに生息。主にウサギやネズミ、鳥類などを食べる。春の与那国島では比較的、見られる機会がある。

タカ目タカ科

大陸ルート：朝鮮半島から対島や九州に渡来し、五島列島から再び大陸に渡って南下する

▲獲物を狙う成鳥オス。獲物は待ち伏せや停空飛翔から急降下して捕らえる

▼成鳥オス。ピィーヨなどと鳴く

幼鳥。成鳥も飛翔時に翼角の暗色斑が目立つ

成鳥メス。白っぽさが目立つ個体

ノスリ（鵟）

英 Common Buzzard　学 *Buteo buteo*

翼下面の配色はトビと逆。翼角の暗色斑が目印

見る 頭部は淡褐色で暗色の過眼線と頬線がある。上面は褐色で淡色の羽縁があり、胸や下面は黄白色で脇や腹に暗色斑がある。雌雄はほぼ同色だが、個体差が大きい。

知る 北海道から九州まで繁殖記録があるが、西日本では少ない。ネズミやモグラなどの小型哺乳類と昆虫を主に、鳥類やヘビ、カエルも食べる。雛に他の鳥の雛やモグラ類を主に与えた観察例もある。小笠原諸島に留鳥の亜種オガサワラノスリは国の天然記念物。南大東島産亜種ダイトウノスリの生息状況は不明。

- **大きさ** Lオス52㎝、メス56㎝、W122〜137㎝
- **分布** 主に北海道から四国で繁殖。ほぼ全国で冬鳥
- **環境** 山地の林、農耕地、干拓地、河原

CR（絶滅危惧ⅠA類）：ダイトウノスリ、EN（絶滅危惧ⅠB類）・天然記念物：オガサワラノスリ

タカ目タカ科

ケアシノスリ（毛足鵟） ★★★

学 *Buteo lagopus*
英 Rough-legged Buzzard

- 大きさ　L オス 56㎝、メス 59㎝、W124〜143㎝
- 分布　稀な冬鳥として北日本を中心とした各地に渡来
- 環境　干拓地、農耕地

成鳥オス。よく停空飛翔から地上に舞い降りて獲物を捕らえる

成鳥オス。雌雄はほぼ同色だが、尾羽の横帯がオスは2〜4本、メスは1本と差がある

白っぽいノスリ。尾の黒帯が見分けのポイント

見る　ノスリより少し大きめ。体は白っぽく見えるが、頭から胸には褐色の縦斑があり、腹部も暗褐色斑が密にある。上面は淡褐色に白色の羽縁があって斑模様。翼下面は白く、黒い翼角と風切先端が目立つ。尾は白く先端に黒色の横帯がある。足は跗蹠まで毛に覆われることが名前の由来。

知る　北海道から南西諸島まで記録があるが、主に北日本の開けた草地や農耕地に渡来。主にネズミなどを食べる。

カラフトワシ（樺太鷲） ★★★

学 *Aquila clanga*
英 Greater Spotted Eagle

- 大きさ　L オス 67㎝、メス 70㎝、W158〜182㎝
- 分布　ごく稀な迷鳥または冬鳥として渡来する
- 環境　開けた農耕地や草地

川内市に渡来する個体。カラスやトビと争うことが多い

渡来はごく稀で、北海道、青森、宮城、新潟、神奈川、鹿児島、沖縄各県に記録がある

開けた草地や農耕地に現れる大型のワシ

見る　トビより大きい。翼は幅広く尾は短め。雌雄同色。全身が黒褐色で、上尾筒に白斑がある。翼下面は初列風切の基部が淡色。幼鳥は肩羽や雨覆に淡色斑があり、飛ぶと翼とその後縁に淡色線が出る。

知る　草地や農耕地で、主にネズミなどの小型哺乳類を捕らえ、他にも鳥類、ヘビ、カエル、動物の死骸なども食べる。鹿児島県川内市には1992年より1羽が定期的に渡来しているという。

タカ目タカ科

成鳥。平均約60平方kmという広いなわばりを飛びながら獲物を探す

まだ白い羽が目立つ若鳥。成長とともに白色部が減り、成鳥羽になる

幼鳥。飛翔中は翼上面の初列風切の基部と尾の基部が白くて目立つ。幼鳥は生年の秋以降に親のなわばりを出て、本来の生息域を離れた場所で観察されることがある

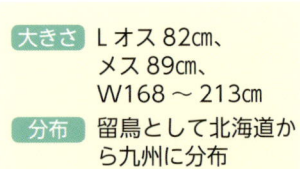

成鳥。生息数は500〜650羽。食物不足や開発の影響で、絶滅が危惧される

★★★ **イヌワシ**（犬鷲、狗鷲）

英 Golden Eagle　学 *Aquila chrysaetos*

大空を舞い、食物連鎖の頂点に立つワシ

見る 雌雄同色。全身が暗褐色で、後頭から後頸にかけて金茶色。尾は基部がやや淡色。

知る 山地の落葉広葉樹林に生息する。草地や崩れた斜面などの開けた場所で、上空から急降下してノウサギやヤマドリ、ヘビなどを捕らえる。ペアが威嚇と攻撃を分担して、共同で狩りをすることもある。崖の岩棚や大木に巣を作る。普通2卵を産むが、先に生まれた雛が兄弟殺し*をして、大抵1羽しか巣立たない。繁殖成功率は約20％と低い。ピョッピョッ、クワッなどと鳴く。国の天然記念物。

大きさ	Lオス82cm、メス89cm、W168〜213cm
分布	留鳥として北海道から九州に分布
環境	山地から亜高山の林、草地、伐採地

EN（絶滅危惧ⅠB類）、天然記念物（種そのものと、岩手と宮城の繁殖地）

タカ目タカ科

兄弟殺し：先に生まれた雛が後から生まれた雛を攻撃し、餌を独占。結果的に殺してしまう。

成鳥。虹彩は黄色から橙色。ピュィーピュィー、ピッピィーなどと鳴く

成鳥。翼開長は短いが、翼は後端が膨らんで幅広い。風切や尾に黒帯がある

幼鳥。体下面はほとんど白っぽく、翼や尾の横帯も成鳥に比べて細い

巣立ち前の幼鳥。巣は木の幹の近くや木の頂きの他、枝先にもかける。巣材には針葉樹の青葉が混ぜられるが、虫除け効果があると考えられている

クマタカ（角鷹、熊鷹）　★★★

学 *Nisaetus nipalensis*　英 Mountain Hawk Eagle

山間の谷間に棲み獲物を狩る大型のタカ

見る 雌雄同色。頭部や首は黒褐色で、後頭に冠羽がある。上面は褐色。喉から下面は白く、喉の中央に1本の黒線、胸に暗褐色の縦斑がある。

知る 大きな谷と周辺の山塊を1つのなわばりとして生息。上空や林内の樹上から急降下し、ノウサギなどの哺乳類やキジ類などの大型鳥類、ヘビを食べる。ニホンザルを捕らえた例もある。谷の下部にある林の、アカマツやモミなどの大木に巣を作る。林業の衰退でノウサギが好む伐採地が減り、獲物不足から繁殖に失敗する例が増えている。

大きさ　L オス72cm、メス80cm、W140〜165cm
分布　留鳥として北海道から九州に分布
環境　低山から亜高山の林
EN（絶滅危惧ⅠB類）

タカ目タカ科

▲成鳥。八重山の古典民謡「鷲ぬ鳥節」にも謡われ、現地では親しまれている

▼成鳥。顔の裸出部が黄色い

幼鳥。羽色は全体に白く、翼の黒い横帯は細くて3〜4本ある

カンムリワシ（冠鷲）

英 Crested Serpent Eagle　学 *Spilornis cheela*

★★

緊張すると冠羽を立てる南の島のワシ

見る 雌雄同色。頭上から後頭は黒く、上面は暗紫褐色で、白斑が散らばる。下面は茶褐色で褐色や白色の斑紋がある。後頭の冠羽は、普段は目立たない。飛翔中、風切と尾の2本の黒帯が目立つ。

知る 西表島では生息数が多い。水田や湿地で、カニ、カエル、ヘビ、昆虫などを食べる。狩りは待ち伏せ型。電柱に止まることも多く、特に雨の後は路上でも獲物を探すことがあるため、近年は交通事故にあう個体も増えている。繁殖期にフィッフィッフィーと鳴く。国の特別天然記念物。

大きさ	L55cm、W90〜103cm
分布	留鳥として八重山諸島（主に石垣島、西表島）に分布
環境	平地から山地の林、林縁の水田、湿地

CR（絶滅危惧ⅠA類）、特別天然記念物

タカ目タカ科

獲物の鳥を捕らえた国内型成鳥オス。近縁のハイイロチュウヒに比べ、より多様な動物を獲物にする

国内型成鳥オス。翼に黒帯はない

国内型成鳥メス。褐色みが強く頭や胸は淡色

大陸型成鳥オス。北海道の一部で繁殖するオスの中に、同タイプが観察されている

チュウヒ（沢鵟） ★★

学 *Circus spilonotus*　英 Eastern Marsh Harrier

タカ目タカ科

オスの羽色が異なる2つのタイプが見られる

見る 体色の個体差が激しく、雌雄ともに全体に褐色みの強い国内型（国内と、国外でも繁殖）と、オスの頭部や上面が黒色で白い羽縁のある大陸型（冬鳥として渡来）が見られる。翼や尾は長く、飛翔時に翼をV字形にする。

知る 干拓地やアシ原や河原などの広い草地やアシ原に生息。繁殖の際もアシ原に巣を作る。草地の上を低く飛びながら獲物を探し、ネズミなどの小型哺乳類を主に、小鳥、ヘビやカエル、魚類なども食べる。ピィーュ、ミューァ、キッキッなどと鳴く。

大きさ	L オス48㎝、メス58㎝、W113～137㎝
分布	冬鳥として主に全国に渡来。本州中部以北で少数が繁殖
環境	アシ原、河原や干拓地などの草地、農耕地

EN（絶滅危惧ⅠB類）

ハイイロチュウヒ
（灰色沢鵟） ★★★

- 学 *Circus cyaneus*
- 英 Hen Harrier

- 大きさ　L オス45㎝、メス50㎝、W98～124㎝
- 分布　冬鳥として全国に渡来するが局地的
- 環境　アシ原、河原や干拓地などの草地、農耕地

成鳥オス。完全な成鳥羽のオスが渡来することは少ない

成鳥メス。オスとは羽色が大きくことなる。顔盤に沿って羽色の明暗差があるのも特徴

淡い体色に翼の先だけが黒くてよく目立つ

見る　チュウヒより小さく、ハシボソガラスと同じ大きさ。オスは頭部から胸と体の上面が灰色。下面は白く、外側初列風切が黒い。メスは上面が暗褐色、頭部から下面は淡褐色で褐色の縦斑がある。

知る　広い草原やアシ原に生息するが、チュウヒより少ない。主にネズミや小鳥類を食べるが、獲物の8割以上を小鳥が占めた調査記録もあり、チュウヒより獲物の選択幅が狭い可能性が示唆されている。

マダラチュウヒ
（斑沢鵟） ★★★

- 学 *Circus melanoleucos*
- 英 Pied Harrier

- 大きさ　LL オス42㎝、メス44㎝、W104～115㎝
- 分布　稀な旅鳥として全国に渡来する
- 環境　アシ原、河原や干拓地などの草地、農耕地

成鳥オス。羽色の明暗のコントラストが明瞭で、とても美しい

若鳥メス。ハイイロチュウヒのメスに似るが翼や尾に青灰色みが強く、風切上面に横帯がある

白と黒のコントラストが美しいチュウヒ

見る　ハシボソガラスより一回り小さい。オスは頭部から胸と背、雨覆の一部と外側初列風切が黒色で、翼や尾は青灰色。体や翼の下面は白い。メスは頭部から胸、上面が暗灰褐色、下面は白くて褐色の縦斑がある。

知る　休耕田やアシ原などに生息するが、稀な旅鳥で滞在期間も短く、出会う機会は少ない。主にカエルやネズミ、昆虫などを食べる。愛知県でメスが越夏した記録がある。

タカ目タカ科

136

ネズミを捕らえた成鳥オス。キジバトより少し大きく、尾が長く見える

成鳥メス。頭部や尾も茶褐色で、頭上から首に縦斑、背や翼上面には横斑が密にある

停空飛翔する亜種チョウセンチョウゲンボウ。体色が全体に淡色で、上面の黒斑も小さい特徴がある

チョウゲンボウ（長元坊） ★★

学 *Falco tinnunculus*　英 Common Kestrel

停空飛翔が得意な狩人、都市部にも進出

見る　オスは頭部が青灰色で、背や雨覆は茶褐色で黒斑があり、風切は黒色。喉から下面は淡色で胸には黒褐色の縦斑がある。尾は青灰色で先が黒い。メスは褐色みが強い。

知る　杭の上や停空飛翔から獲物を探し、ネズミなどの小型哺乳類や小鳥、昆虫を食べる。崖のくぼみや横穴に巣を作るが、近年はビルのテラスや鉄橋などへの営巣例が増えている。長野県中野市の「十三崖（じゅうさんがけ）チョウゲンボウ繁殖地」は国の天然記念物。キィーキィー、キッキッと鳴く。

大きさ	L オス 33cm、メス 39cm、W68〜76cm
分布	主に北海道と本州中部以北で繁殖、冬鳥として全国に渡来
環境	農耕地、河原や埋立地などの草地

天然記念物（十三崖の繁殖地）

コチョウゲンボウ（小長元坊） ★★

学 *Falco columbarius*　英 Merlin

成鳥オス

チョウゲンボウに似るが小鳥を食べる

見る　キジバトと同大で、尾はチョウゲンボウより短い。オスは頭上から上面が青灰色。尾の先の黒帯が目立つ。下面は淡黄褐色で縦斑がある。メスは頭上や上面が暗褐色。尾に6本の横帯がある。

知る　開けた場所で見られる。小鳥類が主食で、空中で捕らえる。他の動物を捕ることは少ない。冬は集団でねぐらをとる。キッキッなどと鳴く。

大きさ	L オス 28cm、メス 32cm、W64〜73cm
分布	冬鳥として全国に渡来する。南西諸島では稀
環境	農耕地、干拓地などの草地

ハヤブサ目ハヤブサ科

▼成鳥メス。オスより少し大きい　　▲成鳥オス。狩りは待ち伏せ型で、急降下して獲物を鋭い爪で蹴落として捕らえる

急降下時の速度は時速数百kmともいわれる

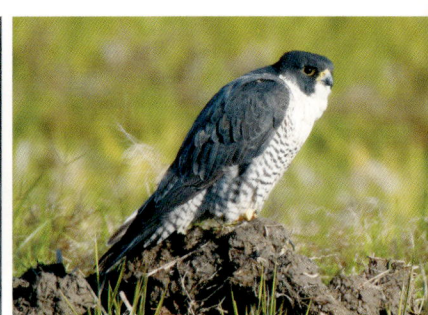

稀な冬鳥の亜種オオハヤブサ

ハヤブサ（隼）

英 Peregrine Falcon　学 Falco peregrinus

★★

高速の急降下と鋭い爪で獲物を狩る狩人

見る 雌雄ほぼ同色。頭部から体や翼上面、尾は青黒色。下面は白く、黒色の横斑がある。顔にひげ状の斑紋がある。稀に大型でひげ状斑の大きな亜種オオハヤブサが渡来。

知る 主に小鳥類を食べ、稀にキジやノウサギ、昆虫なども捕らえる。各地の岬で渡り途中のヒヨドリを襲うのは有名で、集団ねぐらのツバメやムクドリを襲った例もある。海岸の断崖にある岩棚や穴に巣を作って繁殖。近年は都市部にも進出して、ビルや工場煙突への営巣も確認された。ケケケー、キッキッと鳴く。

大きさ Lオス42cm、メス49cm、W84～120cm
分布 留鳥として北海道から九州に分布。冬鳥として全国に渡来
環境 海岸、河川、湖沼、農耕地
VU（絶滅危惧Ⅱ類）、CR（絶滅危惧ⅠA類）：シマハヤブサ（硫黄島）

ハヤブサ目ハヤブサ科

138

成鳥オス。虹彩は暗褐色で、目はクリッと大きめに見える

成鳥メス。下面がやや淡褐色を帯び、赤褐色部にも縦斑がある傾向。眉斑は明瞭

幼鳥。成鳥に似るが、上面は黒褐色みがあり、下面は黄白色で縦斑も太くて密に入る

チゴハヤブサ（稚児隼） ★★★

学 *Falco subbuteo* **英** Eurasian Hobby

小さい隼は胸の縦斑と赤褐色の腹部が特徴

大きさ	L オス 34cm、メス 37cm、W 72〜84cm
分布	夏鳥として北海道と東北北部（山形県に多い）、本州中部の一部に渡来、また旅鳥としても渡来
環境	平地から低山の林

見る ハヤブサよりずっと小さく、チョウゲンボウほどの大きさ。雌雄ほぼ同色で、頭上から体の上面は青黒色。喉から腹は白くて太い縦斑があり、下腹や下尾筒は赤褐色。目の下には黒いひげ状の斑紋があり、アイリングは黄色い。

知る 主に北海道と東北北部や長野県で繁殖。春秋には各地で見られ、ごく稀に越冬記録もある。主にスズメやツバメなどの小鳥類、コウモリ類、トンボやセミなどの昆虫を食べる。繁殖にはカラスの古巣を利用することが多い。キーキーキーなどと鳴く。

シロハヤブサ（白隼） ★★★

学 *Falco rusticolus* **英** Gyrfalcon

淡色型成鳥

大きさ	L オス 53cm、メス 57cm、W 110〜130cm
分布	主に北海道に稀な冬鳥として渡来する
環境	海岸、原野

名前とは裏腹に羽色には3型ある

見る ハヤブサ類中で最大で、体格も太い。体色に3型があり、淡色型は全身が白く、体上面に黒色斑がある。暗色型は全体に暗褐色、中間型は上面が灰色で白点、下面は白地に暗色斑がある。

知る カモやカモメなどを食べ、釧路市でドバトを襲った例もある。グリーンランドで1000年以上も前から営巣に使われる岩棚が見つかった。

ハヤブサ目ハヤブサ科

成鳥オス夏羽。オスは雪の残る5月ごろから広さ3〜6haのなわばりを持ち、見張り場でメスや他のオスを見張る

北海道にのみ分布する別種エゾライチョウ（*Tetrastes bonasia*）。ライチョウとは別属で、平地から山地の森林に生息する。写真は成鳥オス。メスは全体に赤みのある褐色

成鳥メス夏羽。体に密な斑模様がある

オス冬羽。繁殖期は肉冠が目立つ

ライチョウ（雷鳥）

英 Rock Ptarmigan　　**学** *Lagopus muta*

世界で最も南に分布するライチョウの仲間

見る 夏羽では、オスは上面が黒褐色で下面は白色。メスは全体に褐色。冬は雌雄ともに全身白色。オスは目の上に赤い肉冠（鶏冠_{とさか}）がある。足指にも羽毛がある。

知る 氷河期の遺存種*。あまり飛ばず、歩きながら植物の芽や葉、種子、果実を食べ、幼鳥は昆虫も食べる。ハイマツの陰に巣を作り、抱卵や子育てはメスの役割。夏は霧が出るとよく姿を見せ、親子連れにも出会う。体色は保護色で、日照時間の変化を感知して換羽する。国の特別天然記念物で生息数は約3000羽。

- **大きさ**　L37cm
- **分布**　留鳥として南北アルプスと新潟県火打山・焼山に分布
- **環境**　標高2000m以上のハイマツ帯や高山草原
- VU（絶滅危惧Ⅱ類）、特別天然記念物

キジ目キジ科

遺存種（氷河遺存種）：氷河期に栄えた生物の子孫で、地球の気候が温暖化して高山などに孤立して残されたもの

140

兵庫〜島根以北の本州に分布する亜種ヤマドリ（キタヤマドリ）成鳥オス。尾は、淡褐色、赤褐色、黒、灰白色の縞模様

亜種コシジロヤマドリ。九州南部に分布。赤みが強く腰が白い

亜種ヤマドリ成鳥メス。尾の先端が白い

ヤマドリ（山鳥） ★★

学 *Syrmaticus soemmeringii*　英 Copper Pheasant

森の隠者。オスは長くて美しい尾を持つ

見る オスはとても長い尾を持ち、目の周りに赤い裸出部がある。体は全体に赤褐色で、上面には暗色の軸斑や淡色の羽縁がある。メスは尾が短く、体は褐色で暗色斑や灰白色の羽縁が斑模様を作る。

知る 広葉樹林を主体とした低木の多い林に生息。林内を歩いて移動しながら、主に植物の芽や種子、果実、昆虫などを食べる。ねぐらは天敵を避けて、急斜面に生えた樹木の横枝にとることが多い。繁殖期、オスはドラミングをおこなう。本州、四国、九州に5亜種がいる。

大きさ	Lオス125cm、メス55cm
分布	留鳥として本州から九州に分布
環境	山地の林

NT（準絶滅危惧）：コシジロヤマドリ、アカヤマドリ

キジ目キジ科

成鳥オス。日本の国鳥でもある。本来4亜種があるが、無秩序な放鳥のため亜種間の区別は困難になっている

近似種のコウライキジ（*P.colchicus*）成鳥オス。大陸原産で、北海道や対馬、伊豆七島などに狩猟用に移入され、留鳥として生息する。キジと交雑することがある

成鳥メス。体は黄褐色で黒褐色斑が密にある

オスのなわばり争い。左は威嚇姿勢

キジ（雉）

英 Japanese（Green）Pheasant　学 *Phasianus versicolor*

「桃太郎」にも登場する、日本を代表する鳥

見る オスは派手な羽色と長い尾が特徴。顔の裸出部が赤い*肉垂れになる。首は青紫色、胸から下面は緑色。肩羽には黒色と淡黄色の模様があり、雨覆や腰は青灰色。尾は灰褐色で黒い横帯がある。

知る 林と草地や農耕地が入り交じる環境に生息。主に草の芽や葉、種子を食べ、昆虫なども食べる。繁殖期、オスはケーンケーンと鳴いてなわばり宣言し、メスを誘う。続けてドラミングをおこなうこともある。一夫多妻で繁殖し、草むらに巣を作る。冬は雌雄別々の小群で過ごす。

- **大きさ** Lオス80cm、メス60cm
- **分布** 留鳥として本州から九州（屋久島まで）に分布
- **環境** 平地から山地の草地、農耕地、河原

肉垂れ：肉垂。頬や顎などに垂れ下がる肉質の突出部

キジ目キジ科

142

ウズラ（鶉）

学 *Coturnix japonica*　**英** Japanese Quail

★★★

- **大きさ** L20cm
- **分布** 夏鳥として渡来し、主に本州中部以北で繁殖。同以南では冬鳥
- **環境** 草地、農耕地
- NT（準絶滅危惧）

成鳥メス

馴染み深い鳥のはずが人知れず減少中

見る 丸みのある体形で尾は短い。全体に褐色で、眉斑と上面の淡褐色縦斑が目立つ。オスの夏羽では顔から脇が赤褐色。メスには赤褐色みはなく、冬は雌雄とも淡色。

知る 飼い鳥や食用卵で馴染み深いが、近年は生息数が激減し姿を見るのも困難になっている。ブルル…と羽音を立て、直線的に低く飛ぶ。植物種子や昆虫などを食べる。

コジュケイ（小綬鶏）

学 *Bambusicola thoracicus*　**英** Chinese Bamboo Partridge

★

- **大きさ** L27cm
- **分布** 留鳥として本州から九州の主に太平洋側に分布
- **環境** 平地から山地の林、草地、農耕地

成鳥

青灰色と赤褐色の顔が意外にきれい

見る 雌雄同色。頬から喉、頸側は赤褐色、眉斑と上胸は青灰色。上面は褐色で赤褐色斑や白色斑があり、下面は黄褐色で黒色斑がある。

知る 中国原産で大正時代に移入された。林内の藪に潜み、ペアや家族群で行動。植物の葉や種子、昆虫などを食べる。都市近郊にも多く生息している。チョットコイとよく響く声で鳴く。

ミフウズラ（三斑鶉）

学 *Turnix suscitator*　**英** Barred Buttonquail

★★

- **大きさ** L14cm
- **分布** 留鳥として南西諸島に分布
- **環境** 草地、農耕地

成鳥ペア（右メス）

ウズラといっても別の仲間。メスが派手

見る 尾が短く丸みのある体形。雌雄ともに上面は褐色、下面は黄褐色、脇や下腹部は淡橙色で、黒褐色や黄白色の斑紋がある。メスは喉が黒く、オスより羽色が鮮やか。

知る 畑や草地に生息し、昆虫や草の種子などを食べる。一妻多夫で繁殖し、メスがブーブーと低い声で鳴いてオスに求愛する。ミフウズラ類の分類には諸説ある。

キジ目キジ科（〜コジュケイ）
チドリ目ミフウズラ科

亜種アカガシラカラスバト。小笠原諸島に分布する。名前の通り頭部の赤紫色が濃い。先島諸島には別亜種ヨナグニカラスバトが分布する

亜種カラスバト。本州〜沖縄諸島、伊豆諸島と、韓国、中国の一部に分布

カラスバト（烏鳩）

★★

英 Japanese Wood Pigeon　学 *Columba janthina*

大きさ	L40cm
分布	留鳥として本州中部以南の島々、伊豆・小笠原諸島に分布
環境	主に常緑広葉樹林

NT（準絶滅危惧）、CR（絶滅危惧ⅠA類）・天然記念物：アカガシラカラスバト、EN（絶滅危惧ⅠB類）：ヨナグニカラスバト

一見黒く見える羽毛は赤紫や緑の光沢を持つ

見る　キジバトより大きい大型のハトで、頭部は小さく、尾は長く見える。雌雄同色。全身が黒っぽく、赤紫色や緑色の金属光沢がある。

知る　鬱蒼とした常緑広葉樹林に生息。樹上や地上で、ツバキやシイ、タブノキ、ガジュマルなど多様な果実を食べ、葉なども食べる。樹上や樹洞に巣を作るが、天敵のいない島では地上で巣を作る。冬に大きな集団ねぐらをとるが、沖縄では夏の集団ねぐらも確認された。低くウッウーと鳴く。国の天然記念物で、3亜種とも絶滅の危険がある。

シラコバト（白子鳩）

★★

英 Eurasian Collared Dove　学 *Streptopelia decaocto*

大きさ	L32cm
分布	埼玉東部、千葉北部、茨城南西部、群馬・栃木南部に留鳥
環境	市街地、林、農耕地、河原

VU（絶滅危惧Ⅱ類）、天然記念物

成鳥

埼玉県の鳥として親しまれる小さなハト

見る　キジバトより小さくスマートで、尾は長め。雌雄同色で全体に灰褐色。後頸には白い縁取りのある黒帯がある。

知る　江戸時代に移入、定着した。屋敷林や畑が点在する環境に多い。一時激減したが、現在は増えている。主に植物の種子や果実を食べ、養鶏場にも集まる。冬は群れることもある。国の天然記念物。ポポーポゥと鳴く。

ハト目ハト科

成鳥。デデーポーポーという鳴き声でも親しまれている

亜種リュウキュウキジバト。南西諸島に分布し、羽色がやや濃いめになる

子育て。ハト類は栄養価の高いピジョンミルク（*そのうの内壁がはがれ落ちたもの）を与えて子育てする。そのため、他の鳥より繁殖期間が長い

キジバト（雉鳩）

学 *Streptopelia orientalis*　英 Oriental Turtle Dove

山地から庭先まで見られるお馴染みのハト

- 大きさ　L33cm
- 分布　留鳥または漂鳥として本州以南に分布
- 環境　平地から山地の林、農耕地、市街地

見る 雌雄同色。体は灰褐色で、やや紫色を帯びる。頸側に白黒の縞模様があり、雨覆は茶褐色や淡色の羽縁が目立つ。虹彩は赤みがある。

知る 山鳩とも呼ばれるが、今は都市部でも普通。主に植物の種子や果実を食べ、ダイズ畑や麦やトウモロコシ畑の刈り跡にもよく飛来する。普段は単独かペアで行動している。樹上に巣を作るが、地上での営巣例もある他、近年は街路樹やマンションのベランダにも巣を作る。日光浴や水浴び、擬傷や威嚇など、多様な生態行動が観察しやすい。

ベニバト（紅鳩）

学 *Streptopelia tranquebarica*　英 Red Collared Dove

成鳥オス

- 大きさ　L23cm
- 分布　稀な旅鳥または冬鳥として本州中部以西に渡来
- 環境　平地の草地、農耕地、人家周辺の林

日本産ハト類で最小 赤みの強いハト

見る キジバトより一回り小さく、ムクドリほどしかない。オスは頭部から首が青灰色で、後頸には黒帯があり、上面や胸、腹は赤みのある紫褐色。メスは全体に灰褐色。

知る 通常1〜2羽が渡来するだけだが、九州や南西諸島では毎年記録され、稀に夏にも記録される。農耕地や草地で植物の種子や果実などを食べる。ググググーと鳴く。

ハト目ハト科

145　そのう（そ嚢）：胃の手前にある、食べ物を一時的に蓄える器官

ドングリを食べる成鳥オス。シイ、カシの他、ミヤマザクラやミズキ、ナナカマドなどの果実もよく食べる

近似種で南西諸島に分布するズアカアオバト（*T. formosae*）。アオバトに似るが黄色みがなく、頭部や下面はオリーブ緑色。下尾筒の軸斑も目立つ。日本産亜種は頭上が赤くない

海水を飲みに海岸の岩礁に集まった群れ

成鳥メス。オスと違い雨覆は緑色

アオバト（緑鳩、青鳩）

★★

英 White-billed Green Pigeon　学 *Treron sieboldii*

海水を飲みに山から海へ通う不思議なハト

大きさ L33cm
分布 主に北海道から九州で留鳥。北のものは冬は移動する
環境 丘陵地から山地の林、海岸

見る 全体にくすんだ緑色で、頭部から胸は黄色みが強い。下面は淡色で、下尾筒には黒褐色の軸斑がある。オスは雨覆が赤紫色。メスはオスに比べてやや淡色になる。

知る 山地の林に生息。多様な果実や若葉を主に食べる。初夏から秋に海水を飲む習性があり、北海道小樽市、神奈川県大磯町などが有名。大磯町では、海岸から遠い繁殖地の丹沢山地から飛来する。温泉水を飲む例もあり、塩分などを補給していると考えられる。冬は小群で過ごす。オアオーなどと鳴く。

ハト目ハト科

146

ハト目ハト科

キンバト
(金鳩) ★★★ 🌲

学 *Chalcophaps indica*
英 Emerald Dove

大きさ L25cm
分布 留鳥として宮古島以南の南西諸島に分布
環境 平地から山地の林
EN（絶滅危惧ⅠB類）、天然記念物

成鳥オス。嘴は明るい赤色。日本産ハト類でも随一の美しさ

成鳥メス。本種は「リュウキュウキンバト」として国の天然記念物に指定されている

南方系で森にすむハト。宮古・八重山で留鳥

見る オスは頭上から上背が青灰色、額と眉斑は白い。体は赤みのある紫褐色で、背や肩羽、雨覆が金属光沢のある緑色。メスは頭上が淡褐色で、全体にオスより地味め。

知る 主に常緑広葉樹の薄暗い林に生息。林内を歩き回り、植物の種子や果実、シロアリなどを食べる。飛ぶときも林の低い場所を飛ぶが、朝夕の薄暗い時間には開けた場所に出ることもある。ホッホロロ、ウーウーなどと鳴く。

カッコウ目カッコウ科

ジュウイチ
(十一、慈悲心鳥) ★★★ 🌲 🗻

学 *Hierococcyx hyperythrus*
英 Hodgson's Hawk Cuckoo

大きさ L32cm
分布 夏鳥として北海道から九州に渡来する
環境 比較的標高のある山地の林

成鳥オス。黄色いアイリングが目立つ

小型タカ類に似た姿と独特の鳴き声が特徴

見る 雌雄ほぼ同色。頭部や上面は灰黒色、胸や腹は淡い橙褐色で、尾に数本の黒帯があり、ハイタカのオスに似る。

知る ジュウイチ、ジュウイチと鳴く。コルリやオオルリ、ルリビタキに托卵する。雛の翼角には顔のような模様があり、餌をもらう時に翼角を立てて目立たせる。これは雛の数を多く見せて、仮親の給餌欲を高める効果があると考えられている。雛のこの行動は生まれ持った反応である。

147

成鳥。背を反らせたような姿勢で止まる。渡り時期は都市部でも見られる

幼鳥。上面などに褐色みが強く、全体に黒色や赤褐色の縞模様が密に入る

本種の雛を育てるオオヨシキリ。本種の雛は宿主より早くふ化し、卵を巣外に落とす。宿主は巣に近づく本種の成鳥を攻撃したり、卵を見分けて捨てることもある

成鳥。他の鳥があまり食べない大型の毛虫もよく食べる。虹彩は黄色い

カッコウ（郭公）

★★　英 Eurasian Cuckoo　学 *Cuculus canorus*

高原などに多く、目立つ場所でカッコウと鳴く

- 大きさ：L35cm
- 分布：夏鳥として北海道から九州に渡来する
- 環境：平地から山地の林、林縁、草原

見る 雌雄同色。頭部から胸、上面は青灰色で、風切や尾は灰黒色。下面は白くて黒い横線が11～13本ある。

知る 他のカッコウ類より開けた環境に生息。主にオオヨシキリ、モズ、ホオジロ、セキレイ類に托卵する。宿主は約30種におよび、1980年代に新たにオナガを宿主にし始めたが、10年ほどでオナガも対抗手段をとるようになったという。主に昆虫を食べる。和名、学名、英名も鳴き声にちなみ、世界各地で民話や音楽などに取り入れられている。地鳴きはピピピと鳴く。

カッコウ目カッコウ科

148

ツツドリ
（筒鳥）　★★★

- 学 *Cuculus optatus*
- 英 Oriental Cuckoo

- 大きさ　L33cm
- 分布　夏鳥として北海道から九州に渡来する
- 環境　低山から亜高山の林

成鳥。渡り時期には都市の公園にも現れる。地鳴きはピピピと鳴く

赤色型成鳥。頭部から体や翼の上面、尾が赤褐色で、黒色の横斑が多数入る

筒の口をたたくような独特な鳴き声が特徴

見る　雌雄ほぼ同色。頭部や胸、上面はやや暗い青灰色。下面にはカッコウより太くて間隔の広い黒線が9〜11本ある。メスには赤色型がある。

知る　林内に生息し、ポポッポポッという声は聞こえても姿はなかなか見られない。托卵の宿主はムシクイ類で卵は白色卵だが、ホトトギスがいない北海道の地域ではウグイスにも托卵し、その際にはウグイスと同じ赤色卵を産む。毛虫などの昆虫を食べる。

ホトトギス
（杜鵑、時鳥、不如帰）　★

- 学 *Cuculus poliocephalus*
- 英 Lesser Cuckoo

- 大きさ　L28cm
- 分布　夏鳥として北海道南部から沖縄に渡来する
- 環境　平地から亜高山の林

成鳥。林内にいて姿は見づらいが、渡りの時期は観察機会がある

成鳥。昔から文学、和歌、音楽の題材にもされてきた鳥。天下人の性格を表した川柳は有名

カッコウ類で最小。羽色が濃くて縞も少ない

見る　雌雄ほぼ同色。頭部から胸、体の上面、尾は暗青灰色。下面は白く、黒色の横斑は7〜9本とまばら。

知る　主にウグイスに托卵するが、ミソサザイやセンダイムシクイなどの他、伊豆諸島ではイイジマムシクイやメジロにも托卵する。キョッ、キョキョキョッと鳴き、「てっぺん欠けたか」「特許許可局」などと聞きなす。初夏、朝夕の他、夜中にもよく鳴く。

カッコウ目カッコウ科

149

▲成鳥。翼は短くて幅広。また翼羽の後縁が柔らかく初列風切の前縁は櫛状で、羽ばたき音を消すことができる

巣立ち直後の雛。フワフワの羽毛に包まれる

成鳥。首は上下左右に約180度回る

北海道産の亜種エゾフクロウ

大きさ	L50cm、W98cm
分布	留鳥として北海道から九州に分布
環境	平地から山地の林

フクロウ（梟） ★★

英 Ural Owl　学 *Strix uralensis*

平たいお面のような顔。羽音を立てずに飛ぶ

見る 雌雄同色。頭部から背は灰褐色で褐色の縦斑がある。上面は灰白色や褐色の複雑な模様。肩羽外側が白く帯状に見える。下面は淡色で褐色の縦斑がある。羽角はない。

知る 夜行性で、主にネズミ類やモグラ類の他、小鳥や昆虫も食べる。発達した顔盤は小さな音を聞くアンテナとなり、両眼視界を広げ獲物を立体的に見るのに役立つ。樹洞に巣を作り、営巣木があれば都市緑地や社寺林にも生息。巣箱も利用する。ホッホ・グルスク・ホッホと鳴き「五郎助奉公」などと聞きなす。

フクロウ目フクロウ科

150

成鳥ペア（左右）と巣立った幼鳥（中央と奥）。営巣木があれば都市公園の林や社寺林でも見られ、よく話題になる

飛翔。翼下面や尾には、タカ類のような横斑がある

亜種リュウキュウアオバズク成鳥（左とも）。奄美諸島以南に留鳥として分布する。南西諸島には冬に亜種アオバズクが越冬するが、両亜種の野外での識別は難しい

アオバズク（青葉木菟） ★★

学 *Ninox sctulata*　**英** Brown Hawk Owl

青葉が茂る季節に渡ってくる黒頭巾のフクロウ

見る 雌雄ほぼ同色。羽角はなく頭は丸い。頭部から尾にかけての上面は黒褐色。下面は白く、黒褐色の太い縦斑がある。尾には黒い横帯がある。

知る 平地から山地の林に生息する。夜行性で、主に昆虫、特にスズメガなどのガやコフキコガネなどの甲虫を食べ、育雛期は小鳥やコウモリも捕らえる。顔盤は発達せず他のフクロウ類と異なり耳の向きが左右同じなため、狩りは視覚に頼っていると考えられる。獲物は空中で捕らえる。主に樹洞に巣を作って繁殖。ホッホー、ホッホーと鳴く。

- **大きさ** L29㎝、W68㎝
- **分布** 夏鳥として全国に渡来する。奄美・沖縄諸島では留鳥
- **環境** 平地から山地の林、社寺林

フクロウ目フクロウ科

警戒すると羽角を立て、体を細く縮めて木の枝に擬態する。虹彩は黄色い

赤色型成鳥。その色から通称カキズク（柿木菟）とも呼ばれる

産毛に覆われた巣立ち直後の幼鳥。少しずつ巣を離れて羽ばたき練習を始める

成鳥。夜に行動し日中は樹上で休む。昼間はとても眠そうな表情

コノハズク（木葉木菟）

英 Scops Owl　学 Otus sunia

声の仏法僧（ぶっぽうそう）と呼ばれる日本最小のフクロウ

見る 雌雄同色。頭部から上面は灰褐色で、黒褐色や淡橙色、白色などの細かくて複雑な模様がある。全体に赤褐色をした赤色型も少数見られる。

知る 夜行性で、ゴミムシ、ガ、バッタなどの昆虫やクモなどを食べる。樹洞やキツツキの古巣を利用し繁殖。多くは夏鳥だが、越冬するものもいて、それらはモズのはやにえを食べるという説もある。ブッ・キョッ・コーと3声で鳴き「仏法僧」と聞きなすが最初の1声は聞こえないことも多い。昔はこの声をブッポウソウと間違えていた。

- 大きさ　L20cm、W45cm
- 分布　夏鳥として北海道から九州に渡来する。少数は国内で越冬する
- 環境　山地の林。北日本では平地の林でも見られる

フクロウ目フクロウ科

152

成鳥。沖縄方言では「チコホー」と呼ばれ、親しまれている

樹洞から顔をのぞかせる赤色型成鳥

巣立ち直後の幼鳥。平地の集落近くでも繁殖するので、コノハズクに比べると幼鳥を見る機会は多い

リュウキュウコノハズク（琉球木葉木菟） ★★

学 *Otus elegans*　**英** Ryukyu Scops Owl

コノハズクとは鳴き声がまったく異なる

大きさ	L22cm
分布	留鳥として奄美諸島以南と大東諸島に分布
環境	平地から山地の林、人家周辺

見る コノハズクによく似るが、少し大きい。羽色や模様も似るが、全体に赤褐色みが強い。虹彩は黄色い。メスはオスよりも大きい。

知る 本種はコノハズク、または東南アジアに分布するセレベスコノハズクの亜種とする説がある。平地から山地の林に生息し、集落の庭木や電柱などでも見られる。コホッコホッという声で鳴き、メスはキュァと鳴いて、ペアで鳴き交わす。主に昆虫を食べ、ヤモリなども食べる。南北大東島には亜種ダイトウコノハズクが分布する。

オオコノハズク（大木葉木菟） ★★★

学 *Otus lempiji*　**英** Collared Scops Owl

成鳥

大きさ	L24cm、W57cm
分布	北海道では夏鳥、本州以南で留鳥または漂鳥
環境	平地から山地の林

VU（絶滅危惧Ⅱ類）：リュウキュウオオコノハズク

コノハズクより大きくて虹彩が橙色

見る 体には黒色、黒褐色、黄褐色、灰白色の虫食い状の斑模様、後頸には淡色の斑紋がある。羽角は短め。虹彩は橙色。

知る 夜行性。ネズミやトカゲ、カエル、昆虫を食べる。オスはクウィーやワォンと鳴き、メスはミャウと鳴く。樹洞に巣を作る。近年、渋谷の明治神宮で越冬した。沖縄に亜種リュウキュウオオコノハズクが分布する。

▼獲物を探す成鳥。虹彩は黄色い　　　　　▲ネズミを捕らえた成鳥。主に夜行性だが、昼間に活動することもある

首はよく曲がり、後方視界の悪さを補う 　　初列風切に2〜3本の黒帯がある

コミミズク（小耳木菟）

英 Short-eared Owl　学 *Asio flammeus*

★★

夕暮れや夜明けの時間、草原の上を低く飛ぶ

大きさ	L38cm、W99cm
分布	冬鳥として全国に渡来。沖縄では稀
環境	平地から山地の草地、農耕地、河原、埋立地

見る 顔盤がよく発達し、小さな羽角を持つ。雌雄ほぼ同色。上面は黒褐色や淡褐色などの複雑な斑模様。下面は白色や淡褐色で、褐色の縦斑がある。羽色は変異が大きい。

知る 草原に生息。都市周辺でも広い河原や埋立地で見られるが、丈が高く密生した草地では少ない。杭などに止まり低空を飛んで、顔盤と左右不相称の耳（外耳孔が左耳は上、右耳は下を向く）で、小さな音も聞き逃さず獲物を狩る。集団でねぐらをとる。ギャーゥー、ギャーと鳴く。

フクロウ目フクロウ科

親子。巣やねぐらの下には未消化物のペリットが多数落ちている

成鳥の擬態。危険を感じたり警戒すると、羽角を立て体を伸ばして木立に紛れる擬態をおこなう

トラフズク（虎斑木菟） ★★★

| 学 | *Asio otus* | 英 | Long-eared Owl |

目の内側の白帯で独特の顔つき。羽角も長い

大きさ	L38cm、W96cm
分布	本州中部以北で留鳥、同以南では冬鳥として渡来する
環境	平地から山地の林、河畔林、農耕地、草地

見る　顔盤がよく発達し、長い羽角を持つ。雌雄ほぼ同色。体上面は灰白色、黒褐色、淡褐色などの複雑な模様。下面は淡黄褐色で、褐色の縦斑がある。両目の間にある白帯が目立つ。虹彩は橙色。

知る　広葉樹や針葉樹の林に生息する。越冬期は都市部の河川敷や公園の木立に集団ねぐらをとることも多い。主にネズミ類やモグラ類を食べるが、小鳥を捕らえることもある。繁殖時は樹上に巣を作り、カラスなどの古巣もよく利用する。ホーォ、ウーウーなどと鳴く。

シロフクロウ（白梟） ★★★

| 学 | *Bubo scandiacus* | 英 | Snowy Owl |

大きさ	L60cm、W160cm
分布	稀な冬鳥として主に北海道に渡来する
環境	草原、牧草地

成鳥メス

渡来は稀だが白色の姿は見間違いなし

見る　大型のフクロウで、オスは全身がほぼ白色。メスは全体に黒褐色斑がある。羽角はなく、虹彩は黄色い。足は足指まで毛に覆われる。

知る　北海道のほか、秋田、山形、石川、岐阜、鳥取、広島の各県で渡来記録がある。北海道では夏に大雪山系で数度の観察記録がある。多くは冬に渡来するが、弱って保護される例も多い。

成鳥。両目の内側には灰色線があり、虹彩は黄色い。跗蹠に毛があるが足指にはない

🌲 ★★★ シマフクロウ（島梟）

英 Blakiston's Fish Owl　**学** *Ketupa blakistoni*

神の鳥コタンクルカムイは日本最大のフクロウ

大きさ	L70㎝、W180㎝
分布	留鳥として北海道の主に東部に分布
環境	海岸や河川、湖沼周辺の林

CR（絶滅危惧ⅠA類）、天然記念物

見る 雌雄同色。体の上面は灰褐色で、黒い軸斑と細かい横斑がある。下面は淡褐色で縦斑と細かい横斑がある。羽角は大きくて幅広い。

知る 個体数は約120羽。かつては北海道に広く分布していたが、現在は知床半島の他、道央〜道東の一部にのみ分布。河川に面した森、特に冬にも凍結しない湧水地周辺に生息する。主に魚類を食べ、ネズミや小鳥類、カエルも食べる。大木の樹洞に巣を作り繁殖。オスがボーボーッと鳴き、メスはウーと鳴いて鳴き交わす。国の天然記念物。

幼鳥。営巣木不足で、保護用に設置した巣箱もよく利用する。生息域の縮小や分断で、近親交配の危険が増している

翼は長くて幅広い。翼下面や尾には黒褐色の横斑がある

フクロウ目フクロウ科

156

ヨタカ目ヨタカ科

成鳥オス。木の枝には平行に止まる。また地上にもよく降りる

ヨタカ
（夜鷹） ★★★

学 *Caprimulgus indicus*
英 Grey Nightjar

- 大きさ L29cm
- 分布 夏鳥として主に北海道から九州に渡来する
- 環境 平地から山地の林、林内の草地

VU（絶滅危惧Ⅱ類）

成鳥メス。オスは初列風切や外側尾羽に白斑があるが、風切の斑は目立たず、尾羽の斑はない

独特の鳴き声から「胡瓜刻み」の呼び名も

見る 頭部は大きくて平たい。雌雄ほぼ同色。体は黒褐色、褐色、灰白色などの複雑な模様。肩羽と小雨覆に白斑があり、連なって線状に見える。

知る 主に日没後2〜3時間に活発に活動する。細く長い翼で高速で飛びながら、昆虫を食べる。嘴は短いが口は大きく開き、嘴の基部にある剛毛は捕虫網のように役立つ。巣は作らず、地上の枯れ草の上などに直接産卵する。キョキョキョキョキョと長く鳴く。

アマツバメ目アマツバメ科

巣作りする成鳥。ツバメ類とは異なり、巣材には羽毛を用いる

ヒメアマツバメ
（姫雨燕） ★★

学 *Apus nipalensis*
英 House Swift

- 大きさ L13cm
- 分布 留鳥として主に関東地方以西の太平洋側に分布
- 環境 平地から低山、市街地の上空

高速で飛翔しながらチィリリリなどと鳴く。尾は広げると角尾になる

ツバメの古巣を利用する小さなアマツバメ

見る アマツバメ類では最小で、鎌形の翼と浅い凹尾を持つ。雌雄同色。体は黒褐色で喉と腰が白い。

知る 1967年に静岡市で初めて繁殖して以降、分布は拡大傾向。コンクリート建造物などに集団営巣する。自分でも巣を作るがイワツバメやコシアカツバメの古巣をよく利用し、分布もこの2種と重なるため、本種の分布拡大に影響があると考えられている。飛びながら昆虫を食べる。

157

アマツバメ
（雨燕）　★

学 *Apus pacificus*
英 Fork-tailed Swift

- 大きさ　L20cm
- 分布　主に夏鳥として全国に渡来する
- 環境　海岸から高山の上空

岩壁に垂直に止まる。足はとても短く、足指は全て前を向く

飛翔。渡りの時期には、市街地の上空でも群れが通過していくのを見かける

細く長い鎌形の翼を持ち、空中生活に適応

見る　翼は長い鎌形で、尾は燕尾になる。雌雄同色。体は黒褐色で腰が白く、下面は白色の細かい横斑がある。

知る　アマツバメ類は空中生活に適応し、飛びながら睡眠や交尾もおこなう。枝に止まれず、地面に降りると飛び立てない。高速で飛びながら昆虫を捕らえる。岩壁の岩の隙間などに巣を作り繁殖。巣は羽毛や空中に浮遊する枯れ草などを集め、だ液で固めて作る。ジュリリリなどと鳴く。

ハリオアマツバメ
（針尾雨燕）　★★

学 *Hirundapus caudacutus*
英 White-throated Needletail

- 大きさ　L21cm
- 分布　主に本州中部以北に夏鳥として渡来、他では旅鳥
- 環境　平地から山地の林や草原の上空

口を大きく開けて飛びながら水を飲む。アマツバメ類は水浴びも飛びながらおこなう

成鳥。北海道では平地でも見られるが、本州では山地や高原に生息

尾羽の羽軸が針状に突き出るのが名前の由来

見る　アマツバメより胴が太く、翼はより長くて中央部が幅広い。尾は角尾。雌雄同色。体は黒褐色で喉と下尾筒が白く、背は灰白色。額と三列風切に白斑があり、雨覆と尾には緑色光沢がある。

知る　アマツバメ同様に空中生活に適応し、飛翔スピードは鳥類で最速とも言われる。飛びながら昆虫を食べる。北海道での観察によれば、繁殖は樹洞でおこない、巣材は用いない。チュリリリと鳴く。

アマツバメ目アマツバメ科

◀成鳥オス ▲成鳥メス。メスは下嘴が橙色。繁殖期、オスはメスに求愛給餌をおこなう。都市部では専用の巣箱で繁殖した例もある

カワセミ（翡翠）

学 *Alcedo atthis*　英 Common Kingfisher

翡翠の名前を持つ水辺の宝石

見る 日本産カワセミ類で最小。頭部と嘴が大きい。雌雄ほぼ同色。頭部や翼、尾は金属光沢のある青緑色。背から上尾筒は鮮やかな水色。胸から下面は橙色。

知る 一時期減少したが、近年は市街地の川や公園の池でも見られる。主に水面上の枝、石や杭の上から魚を狙い、水中にダイビングして捕らえる。停空飛翔で狙うこともある。他にザリガニやオタマジャクシも食べる。未消化物はペリットで吐き出す。水辺に近い土手に巣穴を掘り繁殖。ツィー、ツィリリと鳴く。

大きさ	L17cm
分布	留鳥または漂鳥として本州以南に分布。北海道では夏鳥
環境	平地から低山の河川、湖沼、池、海岸

▲停空飛翔も得意
◀魚を捕らえた若鳥。足場にたたきつけてから飲み込む

ブッポウソウ目カワセミ科

成鳥オス。なわばり意識は強く、林道のカーブミラーに映る自分の姿に攻撃することもある

ヤマセミ（山翡翠）

英 Crested Kingfisher　学 *Megaceryle lugubris*

キジバトより大きく冠羽と白黒鹿子が目立つ

- 大きさ　L38cm
- 分布　留鳥または漂鳥として離島をのぞく北海道から九州に分布
- 環境　山地の渓流や湖沼

見る 日本産カワセミ類で最大。雌雄ほぼ同色。頭部から尾までの上面は白黒の鹿子模様で、頭部に冠羽がある。下面は白く、頭部は黒斑が帯状になる。オスは顎線と胸が橙色を帯び、下雨覆は白色。

知る 河川の中流から上流の渓流に生息し、谷に沿って数kmのなわばりを持つ。いくつかの決まった止まり木から水中にダイビングして、ウグイやオイカワ、ヤマメなどの魚を捕らえる。停空飛翔もおこなう。川からやや離れた高い土手に横穴を掘って巣にする。キャラッ、キャラッと鳴く。

▲魚を捕らえた成鳥オス。石にたたきつけ頭から飲み込む　▶成鳥メス。胸に橙色みはなく、下雨覆が橙褐色

ブッポウソウ目カワセミ科

160

成鳥オス。繁殖期の朝夕によく鳴く。独特の鳴き声から沖縄では「クカルー」と呼ぶ。また梅雨の前に渡来して鳴き声が聞こえるため「雨乞い鳥」と呼ぶ地方もある

アカショウビン（赤翡翠） ★★★

学 *Halcyon coromanda*　**英** Ruddy Kingfisher

森にすむ赤いカワセミ。物悲しげな声も特徴

見る 全身が褐色みのある橙色で、翼や尾に紫色の光沢がある。腰には水色の羽毛がある。嘴は大きくて朱色。オスはメスより羽色が濃いめ。

知る 森に生息する。林床や沢に舞い降りてカエルやトカゲ、サワガニ、カタツムリなどを食べる。獲物は枝や石にたたきつけてから食べ、沖縄では特定の石をたたき台にしてオカヤドカリの貝殻を割る観察例がある。朽ち木に掘った巣穴やキツツキの古巣を利用して繁殖。スズメバチの古巣を利用した例もある。キョロロロロロと尻下がりに鳴く。

- **大きさ** L27cm
- **分布** 夏鳥として全国に渡来する
- **環境** 平地から山地の林

ブッポウソウ目カワセミ科

サワガニを捕らえた成鳥メス。さまざまな小動物を食べる

亜種リュウキュウアカショウビン成鳥。紫色みが濃い

ブッポウソウ
（仏法僧） ★★★ 🌲

- 学 *Eurystomus orientalis*
- 英 Dollarbird

- 大きさ　L30cm
- 分布　夏鳥として本州〜九州に渡来
- 環境　平地から低山の林、集落周辺

EN（絶滅危惧ⅠB類）、天然記念物（宮崎県狭野神社、岐阜県洲原神社、長野県三岳、山梨県身延）

捕らえた昆虫を運ぶ成鳥。貝殻や金属片などを集めてきて雛に与えたり、求愛にも使うらしい

成鳥。コノハズクの鳴き声を本種の声と間違えたのが名前の由来

姿の仏法僧は美しい青い鳥。でも声はだみ声

見る　雌雄同色。頭部は黒褐色、体は金属光沢のある緑青色。風切は黒っぽくて、白斑がある。嘴と足は赤橙色。

知る　針葉樹と広葉樹が混じる明るい林に生息。主に昆虫を食べる。体の堅い甲虫類を多く食べるため、消化を助けるための貝殻やアルミ片などを雛へ一緒に与える（餌を胃内で擦（す）り潰す）。樹洞に巣を作り、キツツキやムササビの古巣、建造物の穴、巣箱も利用する。ゲッゲゲッと鳴く。

ブッポウソウ目ブッポウソウ科

ヤツガシラ
（戴勝） ★★★

- 学 *Upupa epops*
- 英 Eurasian Hoopoe

- 大きさ　L28cm
- 分布　数少ない旅鳥として渡来し、繁殖例もある。南西諸島では定期的に通過
- 環境　平地から低山の草地、農耕地

甲虫を捕らえた成鳥。ポポポ、ポポポと3声で鳴き、ふわふわとした飛び方で飛ぶ

冠羽を立てた成鳥。名前もこの大きな冠羽に由来する

大きな冠羽と長い嘴を持ち、羽色も個性的

見る　雌雄同色。頭部から上背、胸までは淡い橙褐色。背と翼は白と黒の縞模様で、尾も黒く基部に白帯がある。頭には長い冠羽があり、警戒したり伸びをすると立てる。嘴は細長く、やや下に曲がる。

知る　草地や農耕地に生息。長い嘴を地中に突き刺したり、地表で摘んだりして、昆虫やミミズ、カエルなどを食べる。特に春の渡来が多く、岩手、長野、広島の各県で繁殖例があり、越冬例もある。

サイチョウ目ヤツガシラ科

162

アリスイ（蟻吸）

★★★

学 *Jynx torquilla*　**英** Eurasian Wryneck

大きさ	L18㎝
分布	北海道から東北地方北部で夏鳥、本州中部以南で冬鳥
環境	平地から低山の疎林、河原、牧草地

成鳥

キツツキらしからぬ生態を持つキツツキ

見る 雌雄同色。体は褐色と灰色、黒褐色の虫食い状斑。頭上から背と肩羽の縁に黒帯があり、過眼線もある。他のキツツキ類と違い、尾は角尾。

知る 木の枝に横に止まる。よくヘビのように首をくねらせ、学名の種小名や英名もこの行動にちなむ。主にアリを食べる。樹洞やキツツキの古巣、土手の穴に巣を作る。キィーキィキィと鳴く。

成鳥オス。名前に「山」とつくが平地でも見られる。それほど多くはない

成鳥メス。他のキツツキ類ほど木をつつくことはしない。巣も内部の弱った木を使い、完全な枯れ木は使わない

ヤマゲラ（山啄木鳥）

★★

学 *Picus canus*　**英** Grey-headed Woodpecker

大きさ	L30㎝
分布	留鳥として北海道に分布
環境	平地から低山の林

北海道にのみ分布。アオゲラに似るが赤の他人

見る 雌雄ほぼ同色。頭部から首は灰色、背と翼、上尾筒は黄緑色。尾は緑色みのある灰褐色。下面は緑色みのある灰白色。オスは額が赤いが、メスに赤色部はない。初列風切は黒色で白色横斑がある。

知る 姿はアオゲラに似るが、遺伝的にはかなり離れた関係。本種はユーラシア大陸に広く分布する。主にアリを食べ、その他、甲虫の幼虫やクモ、果実なども食べる。クマゲラの後を追い、その食痕*を利用することもある。木の幹に巣穴を掘って繁殖する。ピョーピョピョピョと鳴く。

163　食痕：動物が食事をした痕跡。食べ跡

▲成鳥メス ▶成鳥オス。雌雄は頭上の赤色部で見分ける。雌雄ともに顎線の一部が赤いが、オスの方が赤色部が大きい

アオゲラ（緑啄木鳥、青啄木鳥）

英 Japanese Green Woodpecker　学 *Picus awokera*

常緑広葉樹林に多い緑色をしたキツツキ

大きさ	L29cm
分布	留鳥として本州、四国、九州（対馬、屋久島、種子島含む）に分布
環境	平地から山地の林

見る 頭部は灰色。背から尾までの上面は黄緑色で、肩羽には灰色み、腰には黄色みがある。喉から下面は白っぽく、胸に褐色みがあり、腹から下尾筒には黒斑がギザギザの横帯状に並ぶ。オスは頭上が赤く、メスは後頭のみ赤い。

知る よく茂った常緑広葉樹林に多い。アリを主にした多様な昆虫や果実などを食べ、地上に降りて食物を探すこともある。生木に巣穴を掘って繁殖。繁殖期にはドラミングをおこない、ピョーピョーと鳴く。またキョッキョッ、ケレケレなどとも鳴く。

▲器用に細い枝先につかまり、サクラの果実を食べる
▶巣立ちした幼鳥（左）に給餌する成鳥オス

キツツキ目キツツキ科

164

ノグチゲラ
（野口啄木鳥） ★★★

- 学 *Sapheopipo noguchii*
- 英 Okinawa Woodpecker

- 大きさ L31cm
- 分布 留鳥として沖縄島北部に分布する
- 環境 山地の常緑広葉樹林
- CR（絶滅危惧ⅠA類）、特別天然記念物

成鳥オス。キリギリスかコロギス類の幼虫を巣に運んできた

成鳥メス。森林の減少やハシブトガラスの増加などで絶滅の危機にある。国の特別天然記念物

世界で沖縄島北部にのみ生息する稀少キツツキ

見る ほぼ全身が黒褐色で、顔から喉はやや淡色。背から上尾筒、腹から下尾筒は赤みが強い。オスは頭上が赤い。

知る 沖縄島北部（通称やんばる）の照葉樹林に生息し、生息数は200つがい未満。深い森を好むが、伐採路地にも現れ、朝夕に活発に活動する。樹上や地上で昆虫やクモ、果実を食べる。イタジイやタブノキの半枯木に巣穴を掘って繁殖。キョッキョッ（フィッとも聞こえる）と鳴く。

クマゲラ
（熊啄木鳥） ★★

- 学 *Dryocopus martius*
- 英 Black Woodpecker

- 大きさ L46cm
- 分布 留鳥として北海道、東北地方の一部に分布
- 環境 山地の林（針広混交林やブナ林）
- VU（絶滅危惧Ⅱ類）、天然記念物

▲巣の雛に餌を運んで来た成鳥メス。同じ巣穴を数年使うこともある
◀巣穴から顔をのぞかせるオス

全身が黒い大型のキツツキ。東北では絶滅の危機に

見る ほぼ全身が黒色で、オスは頭上全体が赤く、メスは後頭のみ赤い。嘴は黄白色。

知る 江戸時代までは東北や北陸、北関東にも生息していた記録がある。北海道では針広混交林、東北地方ではブナ林に生息。主にアリを食べ、甲虫の幼虫やクモなども食べる。嘴で木を掘る力に優れ、アイヌ語で「チプタチカップ（船を掘る鳥）」と呼ばれていた。キョーンキョーン、キョロキョロなどと鳴く。

キツツキ目キツツキ科

165

巣に戻った成鳥メス。幼鳥は成鳥に似るが、雌雄ともに頭上が赤い

北海道産の亜種エゾアカゲラの成鳥オス同士による、なわばり争い

亜種ハシブトアカゲラ。日本海側の島々などで記録される。嘴が太く、三列風切に白斑がないことや逆ハの字形の白斑が大きいことが特徴

成鳥オス。広葉樹林に多いが針葉樹林でも見られ、北海道では平地にもいる

アカゲラ（赤啄木鳥）

英 Great Spotted Woodpecker　学 *Dendrocopos major*

羽色基調は白黒でも頭部と下面の赤が印象的

見る 頭上から尾までの上面は黒色で、オスは後頭が赤い。肩羽から雨覆の部分に大きな逆ハの字形の白色斑があり、風切にも白斑がある。喉から腹は白色、下腹と下尾筒は赤色。外側尾羽は白くて黒色の横斑がある。

知る 主に山地の落葉広葉樹林に生息。カミキリムシやガの幼虫などの多様な昆虫、クモなどの他、果実も食べる。生木や枯れ木に巣穴を掘って繁殖。古巣は、他の鳥や動物の巣によく再利用される。繁殖期はキョッキョッと鳴き、繁殖期はドラミングもおこなう。

大きさ	L24cm
分布	留鳥または漂鳥として北海道、本州、四国に分布。四国では稀
環境	平地から山地の林

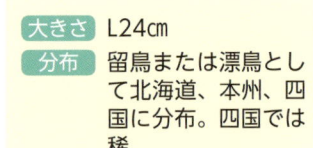

キツツキ目キツツキ科

166

成鳥オス。頭上全体が赤い　　成鳥メス。頭上全体が黒色　　亜種オーストンオオアカゲラ。奄美大島にのみ分布し、羽色が著しく暗色なのが特徴。営巣に適した大木のある原生的な照葉樹林に生息する

オオアカゲラ（大赤啄木鳥） ★★

学 Dendrocopos leucotos　英 White-backed Woodpecker

背側に逆ハの字形の白斑がなく、胸に縦斑がある

見る　アカゲラに似るが、体が大きくて嘴が長い。腰は白く、肩羽に白斑がないことや、胸から脇に縦斑があるのも特徴。オスは頭上が赤く、メスには頭に赤色部がない。

知る　主に山地の落葉広葉樹林に生息。カミキリムシの幼虫などの昆虫やクモの他、果実も食べる。枯れ木に巣穴を掘って繁殖。北海道での調査では、他のキツツキ類より早く繁殖を開始し、巣穴は樹木の高い位置に作る傾向があった。本種が電柱に空けた巣穴を、ブッポウソウが再利用する。キョッキョッと鳴く。

- 大きさ　L28cm
- 分布　留鳥として北海道から奄美大島に分布
- 環境　平地から山地の林

VU（絶滅危惧Ⅱ類）、天然記念物：オーストンオオアカゲラ

コアカゲラ（小赤啄木鳥） ★★

学 Dendrocopos minor　英 Lesser Spotted Woodpecker

成鳥オス

- 大きさ　L16cm
- 分布　留鳥として北海道に分布し、道東に多い。本州でも記録がある
- 環境　平地から低山の林

コゲラほどの大きさで、アカゲラに似た姿

見る　コゲラほどの大きさ。後頭から尾までの上面は黒色で、背や翼には白斑が横帯状に並ぶ。オスは頭上が赤い。喉から下面はくすんだ白色。

知る　主に広葉樹林に生息し、昆虫の幼虫や果実を食べる。草地で草の茎に止まることもある。枯れ木に巣穴を掘って繁殖。冬はカラ類やコゲラと一緒に行動することもある。キッキッと鳴く。

キツツキ目キツツキ科

成鳥メス。単独かペアで行動するが、冬はカラ類と混群になることもある

巣穴。都市緑地では営巣木不足のためか、同種による巣の乗っ取りも起きる

伊豆諸島南部に分布する亜種ミヤケコゲラ。国内には9亜種がいて、本亜種など南へ行くほど羽色は濃く、体が小さくなる傾向がある

成鳥オス。幹や枝の下から上へ移動しながら食物を探す

コゲラ（小啄木鳥）

英 Japanese Pygmy Woodpecker　学 Dendrocopos kizuki

日本産キツツキ類最小で最も身近に見られる

[見る] 雌雄ほぼ同色。頭上や頬は灰褐色、背や翼の上面は黒褐色で白色の横帯がある。喉から体下面は白色で、胸や脇に縦斑がある。オスは後頭の左右に赤色斑がある。

[知る] 平地でも普通に見られる。1980年代から都市部の緑地にも進出し、住宅地や公園の立木、街路樹でも繁殖する。巣作りには枯れ木や半枯木を利用。主に昆虫の幼虫やアリ、果実などを食べる。ギィー、ギィーキッキッなどと鳴く。繁殖期にはよくドラミングし、電柱の金属部品でおこなうこともある。

- 大きさ　L15cm
- 分布　留鳥として全国に分布
- 環境　平地から低山の林、人家周辺、公園

キツツキ目キツツキ科

168

スズメ目ヤイロチョウ科

成鳥。警戒心が強く、なかなか姿を見せない

成鳥。海外の繁殖地や越冬地でも確実な生息記録が減っていて絶滅の危険が高い。国内の推定個体数は多くて100〜150羽とされる

ヤイロチョウ（八色鳥）★★★

学 *Pitta nympha*　英 Fairy Pitta

学名の種小名はニンフ。羽色はまさに森の妖精

見る 尾が短く丸みのある体形で、足が長い。雌雄同色。茶色、黒色、光沢のある緑色や鮮やかな水色、赤色。これらが絶妙に配色された美しい羽色が「八色」の名前の由来。

知る 太平洋側や日本海側とも、主に本州中部以西に渡来記録があるが、繁殖記録は少なく、継続して生息しているのは高知県や宮崎県、長野県の一部などわずか。主によく茂った常緑広葉樹林に生息。林内の地上で、ミミズや昆虫、サワガニなどを食べる。フフフィーフフフィーと口笛のような2声で鳴く。

- 大きさ L18㎝
- 分布 稀な夏鳥として主に本州中部以南に渡来。記録は秋田県にまである。
- 環境 低山の常緑広葉樹林

EN（絶滅危惧ⅠB類）

ヒメコウテンシ（姫告天子）★★

学 *Calandrella brachydactyla*　英 Greater Short-toed Lark

- 大きさ L14㎝
- 分布 稀な旅鳥として主に日本海側の島々に渡来
- 環境 海岸、草原、農耕地

成鳥夏羽

日本海側の島で見られるヒバリの仲間

見る ヒバリより小さく、嘴は太くて短い。冠羽もなく羽色も淡色。雌雄同色。体は淡褐色で、背や肩羽は暗色の軸斑が目立つ。胸側に黒褐色斑がある。静止時、初列風切は出ない。

知る 渡りの時期に日本海側の島々や沖縄の与那国島で毎年記録されるが、他の地域では稀。主に草の種子や昆虫を食べる。ジュジュと鳴く。

スズメ目ヒバリ科

亜種チュウヒバリ。冬鳥として渡来するが、野外での識別は困難

雛に餌を与える成鳥。地上の草むらの陰に巣を作る。巣に近づくときは数m離れた場所に降りて、歩いて接近する

成鳥。さえずりは空中と地上の2型があり、朝夕の地上さえずりが多い

ヒバリ（雲雀）

英 Eurasian Skylark　学 *Alauda arvensis*

太陽に向かうような、さえずり飛翔が目立つ

見る 雌雄同色で、頭に冠羽がある。頭部から体の上面は褐色で、黒褐色の軸斑が目立つが、小・中雨覆は赤褐色で無斑に見える。下面は淡色で胸に褐色の縦斑がある。

知る 「比婆理」として古事記や万葉集にも登場する。なわばり宣言のさえずり飛翔をおこない、昔はこの滞空時間を競う「揚げ雲雀」遊びもあった。都市近郊では、時代とともに生息に適した麦畑から不適な野菜畑への転換と、農地の減少・分断化が起こり生息数が激減している。主に植物種子と昆虫などを食べる。

大きさ	L17cm
分布	本州から九州で留鳥。北海道では夏鳥、沖縄では主に稀な冬鳥
環境	草地、河原、農耕地

ハマヒバリ（浜雲雀）

英 Horned Lark　学 *Eremophila alpestris*

顔が黄色く、春には角状の冠羽が出る

成鳥冬羽

見る 雌雄同色。夏羽は頭上から尾の上面は淡褐色で、背や肩羽に黒褐色の縦斑がある。頭には左右一対の角状冠羽がある。顔は黄色く、目先から頬に黒線、上胸には前掛け状の黒帯がある。冬羽は顔の黄色や黒色が淡く、冠羽は目立たない。

知る 砂浜や海辺の荒地でよく見られる。単独での渡来が多く、地上で種子などを食べる。

大きさ	L16.5cm
分布	稀な冬鳥として北海道から九州に渡来する
環境	干拓地、砂浜、草地、河原

スズメ目ヒバリ科

170

集団営巣地（コロニー）は子育てに忙しい成鳥たちで大賑わい

成鳥。電線や草の茎にも止まるが、地上にもよく降りる。飛ぶ速さはゆっくりめ

ケンカ。多数が集まるコロニーでは時に争いも起こる。北海道には5月中旬に渡来して繁殖し、夏にはもう越冬地の東南アジアへと旅立つ

ショウドウツバメ （小洞燕） ★★

| 学 | *Riparia riparia* | 英 | Sand Martin |

土手に穴を掘り営巣するので小洞の名がある

大きさ	L13㎝
分布	夏鳥として北海道に渡来する。他の地域では旅鳥
環境	河川や湖沼の岸、泥炭などの崖地、渡りの時期は干拓地など（愛知県の鍋田干拓地が有名）

見る ツバメより小さく、尾は浅い凹尾。雌雄同色。頭部から尾の上面は暗褐色～暗灰褐色。喉から下面は白色で、胸はT字形の褐色帯がある。

知る 繁殖地では、川岸や湖沼畔にある柔らかい土質の崖に巣穴を掘り、集団営巣する。土砂採取などで作り出された土手も利用する。巣穴は奥行き1mほどあり、毎年作り直すことが多い。春秋の渡り時期には各地で見られ、アシ原などで大群になることもある。また少数は越冬もする。空中で昆虫を食べる。ジュジュジュジュとよく鳴く。

リュウキュウツバメ （琉球燕） ★★

| 学 | *Hirundo tahitica* | 英 | Pacific Swallow |

成鳥。巣材集め

浅い燕尾で腹に褐色みのあるツバメ

大きさ	L14㎝
分布	主に留鳥として奄美大島以南に分布する
環境	人家周辺、農耕地、海岸

見る ツバメより小さく、尾は浅い燕尾。雌雄同色。頭上から尾までの上面は光沢のある黒色で、額と頬から喉が赤い。喉と胸の境に黒帯はなく、胸から下面や下雨覆は灰褐色。

知る 留鳥として生息するが、季節的な移動をするものもいる。人家や橋桁などにツバメに似た皿形の巣を作り繁殖。集団営巣することもある。ジェジェジェと鳴く。

スズメ目ツバメ科

成鳥。繁殖後や渡去前にはアシ原などで集団ねぐらが見られる。また各地で集団で越冬するものもいる

亜種アカハラツバメ。大陸産の亜種とされ、渡りの時期に見られるが、国内で越冬するツバメの中に同亜種と思われる個体が含まれる

飛翔。採餌も水浴びも飛びながらおこなう

雛へ餌の昆虫を与える

ツバメ（燕）

英 Barn Swallow　学 *Hirundo rustica*

人に身近な場所で繁殖し人に守られてきた鳥

- 大きさ　L17cm
- 分布　北海道から九州（薩南諸島まで）に夏鳥として渡来する
- 環境　市街地や周辺の農耕地、河原

見る　雌雄同色で、頭部から尾の上面は藍色光沢のある黒色。額と頬から喉が赤く、胸の境に黒帯がある。体下面と下雨覆は白色。尾は長い燕尾。

知る　軒下などに泥と枯れ草で皿形の巣を作り繁殖。天敵のカラスを避けるため、巣は人通りの多い場所、特に店舗に多く作る。ある調査では2年続けて渡来した個体の約半数が同じ巣に戻り、残りも比較的近い場所に巣を作った。つがいの多くは年2回繁殖し、関係は1年で解消する。さえずりは「土食って虫食ってしぶーい」と聞きなされる。

スズメ目ツバメ科

コシアカツバメ
(腰赤燕) ★★

- 学 *Hirundo daurica*
- 英 Red-rumped Swallow

- 大きさ　L19cm
- 分布　夏鳥として北海道から九州に渡来し、本州中部以西に多い
- 環境　主に海岸近くの人家周辺、農耕地

巣材の泥を集める成鳥。昆虫を食べ、空中で飛びながら捕らえる

成鳥。1980年代に都市部に急激に分布を広げた。ジュビッ、ジュルジュリリなどと鳴く

西日本に多い、長い燕尾で腰の赤いツバメ

見る　ツバメより大きく、燕尾も長い。雌雄同色。頭上から尾までの上面は光沢のある黒色で、目の後ろと腰は赤茶色。喉から下面は橙色みのある白色で、黒い縦斑がある。

知る　ツバメより少ない。西日本に多く、本州中部以北では沿海地でよく見られる。四国や九州では越冬例もある。人家の軒下や橋桁に泥と枯れ草で徳利型の巣を作る。西日本では集団営巣が多く、東日本では単独営巣が多い。

イワツバメ
(岩燕) ★★

- 学 *Delichon dasypus*
- 英 Asian House Martin

- 大きさ　L13cm
- 分布　夏鳥として北海道から九州に渡来。西日本では越冬するものも多い
- 環境　海岸や山地の岩場、市街地

泥をくわえ巣作り中の成鳥。前年の巣を再利用することも多い

巣材の泥集め。本種の巣はよくスズメに乗っ取られたり、ヒメアマツバメに再利用される

もともとは岩場のツバメも、今は都会に進出中

見る　ツバメより小さく、尾は浅い燕尾。雌雄同色。頭部から背、翼、尾は光沢のある黒色で、腰と体下面が白い。

知る　もともと主に山地の岩場に集団営巣し、山小屋の軒下でも見られた。1980年代から都市部や沿岸部に進出し、コンクリート製の建物や橋桁にも巣を作るようになった。巣はつぼ形。飛びながら昆虫を食べる。南日本では冬に営巣地に戻り越冬するものもいる。ジュリジュリと鳴く。

スズメ目ツバメ科

亜種ツメナガセキレイ(キマユツメナガセキレイ)成鳥夏羽。名前の通り眉斑が黄色い

亜種マミジロツメナガセキレイ。眉斑が白色。キタツメナガセキレイは目先が黒く眉斑がない

亜種キタツメナガセキレイ

亜種ツメナガセキレイ成鳥冬羽

ツメナガセキレイ (爪長鶺鴒)

英 **Yellow Wagtail**　学 *Motacilla flava*

夏羽の黄色が印象的で学名もそれにちなむ

大きさ	L16.5cm
分布	北海道に夏鳥として渡来し繁殖。また各地に旅鳥として渡来する
環境	草地、湿原、農耕地、海岸

見る 雌雄同色。キセキレイに雰囲気が似るが尾は短めで、夏羽は上面が灰色みのある緑黄色。下面は黄色く喉に黒色部はない。足も黒色。冬羽は上面が淡色になり、下面は白くて眉斑や喉、下尾筒に黄色みがある。日本では4亜種が確認され、頭部や眉斑の色などに少しずつ違いがある。

知る 亜種ツメナガセキレイが北海道北部の湿原などで繁殖。それ以外は日本海側の島々や九州、南西諸島でよく見られる。沖縄では少数が越冬する。昆虫を食べる。地鳴きはピィッ、ピチィと鳴く。

スズメ目セキレイ科

成鳥オス夏羽。チチン、チチンと鳴き、飛ぶときは波状飛行になる

成鳥メス。夏羽では喉は黒から白まで個体差がある

若鳥。成鳥の冬羽に似るが、下面の黄色みが淡く、顎線は不明瞭

キセキレイ（黄鶺鴒）

学 *Motacilla cinerea*　　**英** Grey Wagtail

清流で多く見られる黄色くて細身のセキレイ

見る 尾が長く、スマートな体形。頭部から背と肩羽は青灰色で、白い眉斑と顎線がある。腰や下面が黄色い。夏羽ではオスは喉が黒い。冬羽では雌雄ともに喉が白く、下面の色も淡い。足は肉色。

知る 山地の渓流から都市部の小河川にもいて、比較的清流を好む。非繁殖期は海岸でも見かける。忙しなく歩き回り、昆虫やクモなどを食べる。尾を上下に振る。セキレイ（鶺鴒）は日本書紀のイザナギ・イザナミ神話にも登場し、その*エピソードから「嫁ぎ教え鳥」とも呼ばれていた。

大きさ	L20cm
分布	留鳥として本州から九州に分布、北海道では夏鳥、南西諸島では冬鳥として渡来
環境	平地から山地の水辺

スズメ目セキレイ科

175　*セキレイが2神に男女の営みの仕方を教えた。尾を上下に振る習性に由来する

亜種ハクセキレイ成鳥冬羽。メスは夏冬ともオスに比べ淡色になる

亜種ハクセキレイ幼鳥

亜種ハクセキレイ成鳥夏羽。北海道〜九州で普通に見られる

亜種シベリアハクセキレイ。ハクセキレイには多数の亜種がおり、国内でも6亜種が確認され、近年はホオジロハクセキレイも九州などに定着している

亜種タイワンハクセキレイ

亜種ホオジロハクセキレイ

ハクセキレイ（白鶺鴒）

英 White Wagtail　学 Motacilla alba

北から南に分布拡大。多数の亜種も見られる

見る 亜種ハクセキレイは、夏羽では頭上から体上面と胸が黒色。額から顔、体下面が白色で、黒い過眼線がある。冬羽は背や肩羽は灰色になる。

知る 以前は北海道でのみ繁殖していたが、1930年以降本州で繁殖し始め、現在は西日本でも繁殖する。地面のくぼみや建物の隙間に巣を作る。他のセキレイ類より営巣環境への適応度が高く、都市環境にもよく適応。冬はビルの屋上看板や駅前の街路樹で集団ねぐらをとる例も多い。主に昆虫を食べる。チュチュン、チュイリーなどと鳴く。

大きさ	L21cm
分布	留鳥または漂鳥として、主に北海道から九州に分布。南西諸島では旅鳥または冬鳥
環境	市街地、農耕地、河川、海岸

スズメ目セキレイ科

176

成鳥オス。一夫一妻だが、一夫二妻で繁殖することもある

セグロセキレイ
（背黒鶺鴒） ★

学 *Motacilla grandis*
英 Japanese Wagtail

大きさ L21cm
分布 北海道から九州に留鳥として分布し、伊豆諸島や対馬、奄美諸島などでは冬鳥
環境 平地から山地の河川、湖沼畔、農耕地

成鳥メス。メスはオスに比べて背や肩羽などの黒みがやや浅い傾向がある

白黒2色で顔も黒いセキレイ。日本の固有種

見る 雌雄ほぼ同色で、頭上から顔、背から尾までの上面、胸が黒色。額と眉斑と喉、体の下面は白い。

知る 日本固有種。河川中流域に多く、周辺の住宅地や農耕地でも見られる。地面のくぼみや建物の隙間で営巣。昆虫やクモを食べ、子育ての時期にはトンボを多く捕る。個体の強さはハクセキレイに勝るが、生息環境が変化すると適応力の強いハクセキレイに取って代わられる場合が多い。

成鳥。水浴びを終えたばかりの個体

ビンズイ
（便追） ★★

学 *Anthus hodgsoni*
英 Olive-backed Pipit

大きさ L16cm
分布 北海道から本州中部、四国の一部で夏鳥または漂鳥、他では冬鳥として渡来
環境 平地から亜高山の林

成鳥。初夏から夏、高原や山地の針広混交林でさえずる姿を見かける。声量がありよく目立つ

高原や亜高山の梢で鳴く。胸の縦斑がよく目立つ

見る 雌雄同色。頭上から尾までの上面はオリーブ褐色。頭部には黒褐色の縦斑と頭側線があり、眉斑も明瞭。下面は白く、胸に黒褐色の縦斑がある。

知る 亜高山の明るい林で繁殖し、北海道では平地でも繁殖。近年、九州での繁殖も確認された。冬は暖地に移動し、平地のマツ林などにいることが多い。ツィーと鳴き、さえずりは美声でツイツイヤツィーの音が混じる。

スズメ目セキレイ科

177

タヒバリ
（田雲雀） ★

学 *Anthus rubescens*
英 Buff-bellied Pipit

- **大きさ** L16㎝
- **分布** 冬鳥として本州以南に渡来する。北海道では旅鳥
- **環境** 農耕地、河原、海岸、草地

成鳥冬羽。顎線と胸の縦斑がつながり首輪状の黒帯になる個体もいる

成鳥夏羽。春の渡去前や渡り時期に見られる。冬羽とは印象がかなり違う

水辺にいるヒバリのような羽色のセキレイ

見る 雌雄同色。冬羽では頭部から尾までの上面が灰褐色で、頭や背には不明瞭な縦斑がある。淡色の眉斑とアイリングがある。喉から下面は白く、黒い顎線と胸に黒褐色の縦斑がある。夏羽では眉斑や喉から下面が淡い赤橙色になり、上面も灰みが増す。

知る 比較的開けた環境にいて、地上を歩いて採餌している。尾を上下によく振る。草の種子や昆虫を食べる。地鳴きはピィ、チュッなどと鳴く。

ムネアカタヒバリ
（胸赤田雲雀） ★★★

学 *Anthus cervinus*
英 Red-throated Pipit

- **大きさ** L15.5㎝
- **分布** 旅鳥または冬鳥として、主に本州中部以南に渡来する
- **環境** 農耕地、埋立地、草地、河原

成鳥夏羽。胸の赤橙色みが淡く、縦斑のあるものもいる

成鳥冬羽。タヒバリや他の近縁種と紛らわしいが、背中や脇の縦斑、声などで見分ける

夏羽では頭部から胸が赤橙色になり特徴的

見る 雌雄同色。夏羽では顔から胸が赤橙色や橙褐色。上面は淡い灰褐色で、太くて濃い黒褐色の縦斑がある。腹から体下面は淡い黄白色で、脇に黒褐色の縦斑がある。冬羽はタヒバリに似るが、上面は淡色で明瞭な縦斑がある。

知る 西日本、特に九州や南西諸島でよく見られ、越冬するものも多い。習性はタヒバリに似て、地上を歩いて種子や昆虫を食べる。チィーと高い声で鳴くことも特徴。

スズメ目セキレイ科

178

スズメ目サンショウクイ科

亜種サンショウクイ成鳥オス。体形はスマートで、尾が長い

サンショウクイ
(山椒喰) ★★

学 *Pericrocotus divaricatus*
英 Ashy Minivet

大きさ L20cm
分布 本州から九州に夏鳥として渡来、南西諸島では留鳥として分布
環境 平地から山地の広葉樹林

VU（絶滅危惧Ⅱ類）

亜種サンショウクイ成鳥メス。頭上から上面は灰色で、額の白色部も狭い

独特の鳴き声から、辛い山椒を食べたと思われた

見る オスは頭部が黒く、過眼線とつながる。体上面は灰色。額と顔、体下面は白色。飛ぶと翼の上下両面に白帯が出る。亜種リュウキュウサンショウクイは羽色が濃く胸も灰色で、額の白色部が狭い。

知る 生息数は少ない。北海道では迷鳥、南西諸島では比較的見やすい。木の股に巣を作って繁殖。沖縄島では市街地でも繁殖記録がある。昆虫やクモを食べる。名前はヒリリリという鳴き声からの連想。

成鳥。幼鳥には頭部の大きな白色斑がなく、全体が黒い

シロガシラ
(白頭) ★★

学 *Pycnonotus sinensis*
英 Chinese Bulbul

大きさ L19cm
分布 留鳥として八重山諸島と沖縄島周辺に分布する
環境 平地の林、農耕地、人家周辺

成鳥。沖縄島の個体群は、移入されたものか自然に分布を広げたのか、わかっていない

頭の白斑が目印。沖縄島と八重山諸島では亜種違い

見る ヒヨドリより小さい。雌雄同色で額から頭上は黒く、目の後ろから後頭に白斑がある。後頭は冠羽状。体の上面は灰緑褐色、下面は白い。

知る 人家や農耕地周辺で見られる。雑食で昆虫や果実などを食べ、農作物の被害も起きている。八重山諸島に分布するのは大陸産の亜種と同種。沖縄島のものは1976年に初めて発見され、台湾産亜種と同種とされる。キョッキョッ、ビッキョなどと鳴く。

スズメ目ヒヨドリ科

成鳥。ピィーヨ、ヒーヨなどと騒がしく鳴き、名前もその声に由来する。日本周辺にしか分布しない鳥でもある

サクラの花蜜を吸う。他にも畑に集まりコマツナやキャベツなどアブラナ科の葉野菜を食べるため、問題にもなっている

果実を好み、植物種子の散布役になっている

亜種タイワンヒヨドリ

ヒヨドリ（鵯）

英 Brown-eared Bulbul　学 *Hypsipetes amaurotis*

姿も声もお馴染みの鳥。興味深い生態も多い

見る 雌雄同色。全体に灰褐色で、下腹は白っぽい。顔は茶褐色の耳羽が目立つ。翼や尾は褐色。南方の亜種ほど羽色が濃くなる傾向がある。

知る 全国で普通に見られるが、北方や山地のものは冬に暖地へ移動する。春秋には各地で大群の渡りが見られる。昆虫、果実、種子、花蜜などを食べる雑食。特に秋は液果に依存し、北方や山の液果がなくなることが季節移動をする起因の1つ。近年は都市部の庭木や街路樹などにも巣を作り、巣材にはビニールひもなどの人工物も利用している。

- 大きさ　L28cm
- 分布　留鳥または漂鳥として全国に分布する
- 環境　平地から山地の林、人家周辺、農耕地

スズメ目ヒヨドリ科

成鳥オス。他の鳥の鳴き声をまねることがあり、「百舌」の名前もそれにちなむ

成鳥メス。オスに比べ全体に褐色を帯び、下面に鱗状の横斑がある

はやにえ（マヒワ）。昆虫が多く、他にトカゲ、ネズミ、小魚などの例もある

ペリットを吐き出す成鳥オス。昆虫の堅い羽やカエルの骨など、未消化物をペリットとして吐き出す

モズ（百舌）

学 *Lanius bucephalus* 英 Bull-headed Shrike

鋭い嘴で獲物を狩り百舌鷹とも呼ばれた鳥

見る オスは頭上が茶褐色で、黒い過眼線がある。背と肩羽は青灰色。翼は黒褐色で、初列風切の基部に白斑がある。下面、特に脇は橙褐色。

知る 主に昆虫を食べる。時には小鳥やネズミ、カエルなども捕らえる。捕らえた獲物を木の枝など刺す「はやにえ」習性がある。その理由には諸説あるが、多くは後で食べる。早くに繁殖した個体は、羽色が全体に灰色になる。秋、目立つ場所でキィーキィキィと鳴く「高鳴き」はなわばり宣言。

大きさ	L20cm
分布	主に留鳥として全国に分布し、北のものは冬は暖地へ移動する。南西諸島では冬鳥
環境	平地や山地の林縁、まばらな林、農耕地、公園

スズメ目モズ科

チゴモズ
（稚児百舌） ★★★

- 学 *Lanius tigrinus*
- 英 Tiger Shrike

- 大きさ　L18cm
- 分布　稀な夏鳥として本州北部から中部に渡来する
- 環境　平地から山地の林、果樹園

CR（絶滅危惧ⅠA類）

成鳥メス。日本や東アジアのみで繁殖するが、日本では絶滅の危険が高まっている

成鳥オス。モズより少し小さく。嘴が太いのも特徴

嘴が太くて頭が灰色のモズ。出会うのは至難

見る オスは頭部が青灰色で、過眼線は太くて黒い。体の上面や尾は茶褐色で、背などに黒い横斑がある。頬や喉、体下面は白い。メスはオスに比べて羽色が淡く、胸側から脇に黒褐色の横斑がある。

知る 開けた明るい林やその周辺に生息。モズよりは樹木の多いところを好む。主に昆虫を食べる。数は少なく繁殖も局地的で、特に1980年代以降は激減している。ギュンギュン、ギチギチと鳴く。

アカモズ
（赤百舌） ★★

- 学 *Lanius cristatus*
- 英 Brown Shrike

- 大きさ　L20cm
- 分布　夏鳥として北海道から九州に渡来。南西諸島では別亜種が繁殖
- 環境　平地から山地のまばらな林、林縁、草地、農耕地

EN（絶滅危惧ⅠB類）

亜種シマアカモズ成鳥オス。頭上が青灰色で、体の上面が灰褐色。メスは下面に鱗状の斑紋がある

亜種アカモズ成鳥。生息地の減少などで数が減っている

赤褐色みの強いモズ、九州以南では色が違う

見る 雌雄ほぼ同色。頭上から尾までの上面は赤褐色。過眼線は黒く、額と眉斑は白い。下面は白くて、胸から脇が淡い橙色。メスは脇に褐色の波状横斑を持つものがいる。

知る 北海道、本州、四国の一部で亜種アカモズが繁殖、九州や南西諸島で亜種シマアカモズが繁殖し一部越冬する。他の地域では旅鳥。習性はモズに似る。昆虫の他、カエルや小鳥も食べ、はやにえもおこなう。ギチギチと鳴く。

スズメ目モズ科

成鳥オス。オオカラモズより少し小さく尾も短め。翼の翼帯も細い

ネズミを捕食中の第一回冬羽のメス。第一回冬羽は成鳥に似るが、幼鳥の特徴である翼の淡色の羽縁や下面の鱗状の斑紋が残る

オオモズ（大百舌） ★★★

学 *Lanius excubitor*　英 Great Grey Shrike

数少ない大型種。灰色の頭と翼の白帯が目印

大きさ L24cm
分布 稀な冬鳥または旅鳥として主に北海道から本州北・中部に渡来
環境 平地から山地の林縁、農耕地、草地

見る 雌雄同色。頭部から背、肩羽は灰色で、過眼線は黒色。翼は黒色で、次列・三列風切の先端と、初列風切の基部が白く、静止時は白斑だが、飛ぶと白帯になってよく目立つ。下面と腰は白色。幼鳥は全体に褐色みがあり、下面に鱗状の斑紋がある。

知る 渡来数は少ないが、北海道では比較的多く、また繁殖記録もある。海外でのペリットの調査では、春から秋はスズメバチを主とした昆虫を多く食べ、冬期はネズミや小鳥類を多く食べていた。停空飛翔もおこなう。

オオカラモズ（大唐百舌） ★★★

学 *Lanius sphenocercus*　英 Chinese Grey Shrike

成鳥

大きさ L31cm
分布 稀な冬鳥または旅鳥として、主に西日本や日本海側に渡来する
環境 干拓地、農耕地、草地、河原

モズより二回りも大きくて尾が長い

見る 日本産モズ類で最大。全体にオオモズに似るが、体は一回り大きくて尾が長い。羽色も似ているが、腰が灰色なこと、翼の白斑が大きく、初列風切から次列風切にまでおよぶ点が異なる。

知る 木の枝や杭などの上から獲物を探し、狩りをおこなう。主にネズミ類や小鳥を食べる他、昆虫もよく食べる。停空飛翔もよくおこなう。

スズメ目モズ科

成鳥。成鳥オスは初列風切内弁の白色斑が最外側まで幅広く、メスはその白斑の幅が狭くて最外側には達しない

果樹園で捨てられた果実に群がる。庭の餌台に来ることもある。食物のある場所を群れで移動しながら過ごしている

成鳥。大きさはスズメとムクドリの中間ほど

キレンジャク（黄連雀）

英 Bohemian Waxwing　学 *Bombycilla garrulus*

次列風切の先に赤いロウ質の突起物を持つ鳥

見る やや太った体形。雌雄ほぼ同色。頭部から背、肩羽、胸は赤みを帯びた灰褐色。冠羽があり、過眼線は後頭に達しない。初列風切の先端外弁と尾の先が黄色く、初列雨覆と次列風切先端に白斑がある。腹は淡い灰褐色で下尾筒は橙褐色。

知る 英名は次列風切の先端に赤いロウ質の突起物があることに由来する。年によって渡来数の変動が大きい。非繁殖期は果実が主食で、果実の実った木があれば人家の庭でも街路樹でも訪れる。細くチリチリ、チーなどと鳴く。

- 大きさ　L20cm
- 分布　冬鳥として全国に渡来し、本州中部以北に多い
- 環境　平地から山地の林、市街地

スズメ目レンジャク科

成鳥（左）とキレンジャク。2種が混群になっていることも多い。名前は「連なって行動する雀のような鳥」の意味

成鳥。本種は極東の狭い地域のみで繁殖・越冬する

幼鳥。羽色が成鳥より鈍く、初列風切の白斑などが不明瞭。成鳥オスは初列風切の先端が白いが、メスは外弁の先だけが白い

ヒレンジャク（緋連雀） ★★

学 *Bombycilla japonica* 　英 Japanese Waxwing

特徴的な冠羽を立て、群れで果実を食べる

見る キレンジャクより少し小さい。羽色はキレンジャクに似るが、過眼線は後頭に達し、初列雨覆と次列風切先端に白斑はない。大雨覆の先端は暗赤色で、次列風切の羽先は黒く先端に赤色斑がある。本種はこの部分にロウ質の突起物はない。腹は黄色を帯び、下尾筒と尾の先端は赤色。

知る キレンジャク同様、渡来数は変動が大きく、まったく渡来しない年もある。ネズミモチ、ヤツデ、キヅタ、ヤドリギ、ナナカマド、ピラカンサなど多様な果実を食べ、繁殖期には昆虫も多く食べる。

大きさ　L18cm
分布　冬鳥として北海道から南西諸島に渡来し、西日本に多い
環境　平地から山地の林、市街地

スズメ目レンジャク科

カワガラス
（河烏）

学 *Cinclus pallasii*
英 Brown Dipper

大きさ	L22㎝
分布	留鳥として北海道から九州（屋久島まで）に分布する
環境	河川の中・上流、特に山地の渓流

幼鳥。成鳥よりも淡色で、白っぽい羽縁が細かい斑点状に見える

成鳥。丈夫な足で岩をつかみ、水流の圧力を利用して川底を歩く

渓流にいて川の中に潜るチョコレート色の鳥

見る ムクドリより少し小さい。雌雄同色で全身が黒褐色。嘴は黒く、足は鉛色。

知る ビツビツと鳴きながら沢筋に沿って低く飛ぶ。主にカワゲラやカゲロウなどの水生昆虫や魚を、水中に潜り川底を歩いて捕らえる。崖の岩の隙間などに植物の根やコケで半球形の巣を作る。橋桁や石垣、排水口などの人工物も利用し、滝の裏側にも作る。冬でも豊富な水生昆虫を利用し、1月ごろ繁殖を始める。

ミソサザイ
（鷦鷯）

学 *Troglodytes troglodytes*
英 Winter Wren

大きさ	L11㎝
分布	留鳥または漂鳥として沖縄をのぞく全国に分布する
環境	平地から山地の林、渓流岸

EX（絶滅）：ダイトウミソサザイ、
EN（絶滅危惧ⅠB類）：モスケミソサザイ

成鳥。高い山地にもいるが、冬は暖地に移動するものも多い。地鳴きはチャッチャッと鳴く

成鳥。チュイチュイ・チリリリ・チヨチヨと美しい声でさえずる

短い尾をピンと上に立て声量豊かな声で鳴く

見る 日本鳥類で最小種の1つで、丸みのある体形。雌雄同色で全身が暗茶褐色。上面には黒い横縞、下面には白と黒の細かい横斑がある。

知る 沢沿いなどの林に生息。林内を動き回り昆虫やクモなどを食べる。崖のくぼみや倒木にコケや獣毛でつぼ形の巣を作る。一夫多妻で繁殖し、オスは外側だけに形を複数作って同時または順にメスに求愛、メスが巣を完成させ抱卵と子育てをおこなう。

成鳥。人を恐れず山小屋などにも現れ、登山者の人気者でもある

イワヒビラリ
（岩雲雀） ★★

学 *Prunella collaris*
英 Alpine Accentor

大きさ　L18cm
分布　留鳥または漂鳥として本州の一部山地に分布
環境　高山帯の岩場、ハイマツ林、山小屋周辺

成鳥。チュルチュリビュルリピッピッなど美しい声でさえずる。地鳴きはキュルキュルと鳴く

高山に生息。繁殖形態は珍しい多夫多妻型

見る　雌雄同色。頭部から胸は暗灰色、上面は灰褐色で暗色斑があり、下面は茶褐色で淡色縦斑がある。翼には2本の白帯がある。

知る　主に昆虫や草の種子などを食べる。数羽の群れで多夫多妻で繁殖、メスがオスに求愛する。群れの雌雄にはそれぞれ順位があり、優位なメスほど多くのオスに何度も求愛できる。巣は岩の隙間などに作り、優位メスの巣には複数のオスが餌を運んでくる。

成鳥。繁殖期は目立つ場所でチュリリリチュチィなどとさえずる

カヤクグリ
（茅潜、萱潜） ★★

学 *Prunella rubida*
英 Siberian Accentor

大きさ　L14cm
分布　北海道、本州、四国の山地で繁殖、冬は低山に降りる漂鳥
環境　亜高山、高山帯のハイマツ林

成鳥。羽色が地味で、藪の中にいるため観察には苦労する。地鳴きはチリリと鳴く

高山のハイマツ群落にいる茶色っぽい小鳥

見る　雌雄同色。頭部は褐色、上面は茶色で暗色の縦斑がある。下面は暗灰褐色。脇から下尾筒に褐色の縦斑がある。

知る　日本固有種。高山にも生息しているが、ハイマツ群落や低木林にいて、イワヒバリのように岩場には出ない。冬期は低山や丘陵地の林に移動するが、藪にいてなかなか姿を見せないことが名前の由来。主に昆虫や草の種子を食べる。ハイマツの中などに巣を作り、一夫多妻で繁殖する。

鳴き声から「行々子（ぎょうぎょうし）」と呼ばれ夏の季語として多くの俳句に詠まれている

羽繕いする成鳥。嘴を使って丁寧に羽をすいて尾腺の油を塗る

アシの茎を上手に利用して枯れ草製のカップ形の巣をかける。カッコウに托卵されることもある

さえずる成鳥オス。声のバリエーションは豊富で、繁殖初期は夜もさえずる

オオヨシキリ（大葦切）

英 Oriental Reed Warbler　学 *Acrocephalus orientalis*

- 大きさ　L18cm
- 分布　夏鳥として北海道から九州に渡来する
- 環境　河川や湖沼畔のアシ原

赤い口を大きく開き、アシ原で騒がしく鳴く

見る　雌雄同色。頭部から尾までの上面はややオリーブ色みのある黄褐色で、白い眉斑がある。喉から下面は白色で、胸から下面は淡褐色を帯び、胸に不明瞭な縦斑がある。

知る　水辺に近い広いアシ原に生息。主に昆虫やクモを食べる。4月中旬、オスだけが渡来し、ギョッギョッギョッギョシギョシ・ギギギなどとさえずり、なわばりを確保する。メスは約2週間遅れて渡来し繁殖する。多くは一夫一妻だが、食物条件などがよいと一夫多妻（主に一夫二妻）でも繁殖する。

スズメ目ヨシキリ科

188

コヨシキリ
(小葦切)

★★

学 *Acrocephalus bistrigiceps*　英 Black-browed Reed Warbler

大きさ	L14cm
分布	夏鳥として全国に渡来、主に本州中部以北で繁殖
環境	河川や湖沼畔の草地、アシ原

成鳥オス

頭側線と眉斑が目立つ小さなヨシキリ

見る 雌雄同色。頭部から尾の上面はオリーブ茶褐色で、白い眉斑と黒褐色の頭側線が目立つ。喉と腹は白く、胸から脇と下尾筒は淡褐色を帯びる。

知る アシ原に生息し繁殖するが、オオヨシキリより遅く渡来し、競合を避けてなわばりを作る。ジッピリリ、ギョッギョッチリリ、ピピピなどとさえずる。一夫一妻や一夫多妻で繁殖する。

メボソムシクイ
(目細虫喰)

★★

学 *Phylloscopus xanthodryas*　英 Arctic Warbler

大きさ	L13cm
分布	夏鳥として主に北海道、本州、四国に渡来する
環境	亜高山帯の針葉樹林

成鳥

細長い眉斑が特徴で目細の名前の由来

見る 雌雄同色。頭部から上面は緑褐色で、黄白色の細長い眉斑がある。翼は暗褐色で雨覆に1～2本の翼帯がある。下面は淡黄色やくすんだ白色。

知る 繁殖期は主に亜高山の針葉樹林に生息。渡りの時期は平地にも現れる。ジュリジュリジュリとさえずり「銭取り銭取り」と聞きなされる。3～4亜種があるが、分類には未確定部分がある。

エゾムシクイ
(蝦夷虫喰)

★★

学 *Phylloscopus borealoides*　英 Sakhalin Leaf Warbler

大きさ	L12cm
分布	夏鳥として主に北海道、本州北部以北、四国に渡来
環境	亜高山帯の針葉樹林や針広混交林

成鳥

頭部が暗灰褐色で、背との色の差が明瞭

見る 雌雄同色。頭部は暗灰褐色で、白い明瞭な眉斑がある。背や肩羽は緑色を帯びた暗褐色で、翼は黒褐色で2本の翼帯があり、羽縁も緑みがある。体の下面は白っぽい。

知る 常緑針葉樹林の、特に崖地や谷間に面した林に生息。ヒーツーキーと甲高い声でさえずる。樹上で昆虫やクモを食べる。渡りの時期には各地の平地でも見られる。

センダイムシクイ
（仙台虫喰） ★ 🌲

学 *Phylloscopus coronatus*
英 Eastern Crowned Warbler

- **大きさ** L13cm
- **分布** 夏鳥として北海道から九州に渡来する
- **環境** 平地から山地の落葉広葉樹林

成鳥。さえずりは「焼酎一杯ぐい」「鶴千代君（つるちよぎみ）」と聞きなされる。地鳴きはフィッと鳴く

成鳥。頭央線は個体によって後頭にしかないものもいる

低山にいて、頭央線がある。さえずりも特徴的

見る 雌雄同色。頭部から体上面は緑みの強いオリーブ色。白っぽい頭央線があるのが特徴。眉斑は白く目先で黄色を帯び、頭側線も濃いめ。翼に翼帯が1本ある。

知る エゾムシクイやメボソムシクイより標高の低い場所に多く、低山の雑木林でも見られる。樹冠部※で昆虫やクモを食べる。チョチョビーとさえずる。渡りの時期は平地でも見られ、秋は他のムシクイ類よりも早く渡る傾向にある。

イイジマムシクイ
（飯島虫喰） ★★ 🌲

学 *Phylloscopus ijimae*
英 Ijima's Leaf Warbler

- **大きさ** L12cm
- **分布** 夏鳥として主に伊豆諸島と吐噶喇（とから）列島の中之島に渡来
- **環境** 平地から山地の林
- VU（絶滅危惧Ⅱ類）、天然記念物

水浴びする成鳥。名前と学名の種小名は動物学者で初代鳥学会会長の飯島魁氏にちなむ

成鳥。繁殖地が限られており、国の天然記念物に指定されている

伊豆諸島を代表する鳥。センダイムシクイに似る

見る センダイムシクイによく似るが、頭央線はなく頭側線も不明瞭。眉斑も細い。体の上面は色が濃いめで、下面はより白っぽい。

知る 主に常緑広葉樹林に生息し、樹冠部で昆虫やクモを食べる。チョリチョリチョリとさえずり、他にもさまざまな声を出す。秋には関東から九州の南岸で記録があり、一部は伊豆諸島や南西諸島で越冬する。渡りのルートや越冬地は詳しくわかっていない。

樹冠：木の上部の、枝葉が茂っている部分

シマセンニュウ
（島仙入） ★★★

学 *Locustella ochotensis* 英 Middendorff's Grasshopper Warbler

大きさ	L16cm
分布	夏鳥として北海道に渡来し、本州以南では旅鳥
環境	海岸草原、湿地、牧草地

成鳥オス

繁殖期にはさえずり飛翔をおこなう

見る 雌雄同色。頭部から尾までの上面はオリーブ褐色。眉斑は淡色。喉から下面は白く、胸から脇、下腹は淡褐色を帯びる。尾の先は白い。

知る 草原や湿地に生息し、草に潜って姿を見せない。草の茎や低木に止まり、チッチ・チュビチュビチュビなどとさえずる。短いさえずり飛翔もおこなう。枯れ草で皿形の巣を作り繁殖する。

ウチヤマセンニュウ
（内山仙入） ★★

学 *Locustella pleskei* 英 Styan's Grasshopper Warbler

大きさ	L17cm
分布	夏鳥として伊豆諸島、三重、和歌山、福岡、宮崎、鹿児島県などの一部の島々に渡来
環境	海岸近くの草地、常緑広葉樹林

EN（絶滅危惧ⅠB類）

成鳥オス

島の海岸に近い草地にすむセンニュウ

見る シマセンニュウによく似るが、嘴が長めで尾や足も長い。下面はくすんだ白色で、上面に赤みがない。眉斑は白い。

知る 1986年までシマセンニュウの亜種とされていた。チッチ・チュイチュイチュウイなどとシマセンニュウより濁りがない高い声でさえずる。草に潜り、昆虫などを食べる。草の根元に皿形の巣を作り繁殖する。

マキノセンニュウ
（牧野仙入） ★★★

学 *Locustella lanceolata* 英 Lanceolated Warbler

大きさ	L12cm
分布	夏鳥として北海道に渡来し、本州以南では稀な旅鳥
環境	草原、湿地、牧草地

成鳥オス

スズメより小さく、虫のような声を出す

見る センニュウ類では最小で、尾が短め。雌雄同色。頭部から体上面は淡い茶褐色で、黒褐色の縦斑がある。眉斑は黄白色。下面はくすんだ白色で胸に細かい縦斑がある。

知る 富士山麓での繁殖記録、尾瀬沼での夏の観察記録がある。早朝や夕方から夜に、チリリリリと虫のような声でさえずる。ほとんど藪の中にいる。主に昆虫を食べる。

スズメ目センニュウ科

191

オオセッカ（大雪加）

英 Japanese Swamp Warbler　学 *Locustella pryeri*

★★★

大きさ	L13cm
分布	主に青森、秋田、茨城、千葉の一部で留鳥または漂鳥
環境	海岸や河川、湖沼周辺のアシ原、草原

EN（絶滅危惧ⅠB類）

世界的稀少種で日本の繁殖地も局地的

成鳥

見る 雌雄同色。頭部から尾までの上面、翼は濃い褐色で、背に黒褐色の太い縦斑がある。淡色の眉斑がある。下面は白色。尾は長くて凸尾。

知る 青森県の仏沼や岩木川河口、霞ヶ浦、利根川河川敷などのアシ原で局地的に繁殖する。日本における繁殖個体群は約2500羽。チュリチュリチュリと鳴き、さえずり飛翔をおこなう。

エゾセンニュウ（蝦夷仙入）

英 Grey's Grasshopper Warbler　学 *Locustella fasciolata*

★★

大きさ	L18cm
分布	夏鳥として北海道に渡来し、本州以南では主に旅鳥
環境	河川畔や湿地の草原、平地から低山の下生えの多いまばらな林

北海道で繁殖するから蝦夷地の仙入

成鳥

見る 頭部から尾までの上面は濃褐色〜暗緑褐色。白い眉斑がある。下面は灰白色で胸から脇、下尾筒は暗褐色。

知る まばらな林や低木林に生息し、藪の中にいてなかなか姿を見せない。昆虫やクモを食べる。夕方から夜、朝方などにチョッピン・ピィピチョなどとさえずる。本州以南では渡りの時期に平地に現れることもある。

ヤブサメ（藪雨、藪鮫）

英 Asian Stubtail　学 *Urosphena squameiceps*

★★

大きさ	L11cm
分布	夏鳥として主に北海道から九州（屋久島まで）に渡来
環境	平地から山地の林

体が小さく尾は短い。眉斑がよく目立つ

成鳥

見る 体が小さくて尾が短い。雌雄同色。頭上から尾までの上面、翼は茶褐色で、淡色の眉斑と黒褐色の過眼線が目立つ。喉から下面は淡褐色。

知る 下生えのある常緑樹林に多い。藪の中を動き回り、昆虫などを食べる。昼間にシシシシとさえずり、夜にもツィツィと違う声で鳴く。繁殖時、つがい以外にオスのヘルパーが観察される。

成鳥オス。ホーホケキョはさえずりでなわばり宣言。ケキョケキョと鳴く谷渡りは警戒声、チャッチャッの笹鳴きは地鳴き

再発見された亜種カラフトウグイス

小笠原諸島産の亜種ハシナガウグイス

水浴び。その鳴き声から古くから親しまれてきた鳥で、冬は都市の公園や人家の庭にもよく現れるが、基本的に藪などにいて姿は見づらい。

ウグイス（鶯）

学 *Cettia diphone*　英 Japanese Bush Warbler

スズメ目ウグイス科

日本三鳴鳥の1つで、春告げ鳥とも呼ばれる

見る 雌雄同色で、頭部から尾の上面がオリーブ褐色で、顔から下面はくすんだ白色。

知る ササの茂る林に生息。昆虫や草の種子を食べる。一夫多妻で繁殖し、抱卵や子育てはメスの役割だが、亜種ハシナガウグイスは雄も餌やりに参加する。近年、南西諸島の亜種リュウキュウウグイスは、樺太などに分布する別亜種の越冬個体群と判明。また奄美、沖縄諸島に留鳥として分布する赤褐色みの強い別のウグイスが、絶滅したとされていた亜種ダイトウウグイスと同種であることも判明した。

大きさ	L14〜16cm
分布	留鳥または漂鳥として本州以南に分布。北海道では夏鳥
環境	主に平地から山地の、林床にササが茂る林

キクイタダキ
（菊戴） ★★

- 学 *Regulus regulus*
- 英 Goldcrest

大きさ	L10cm
分布	留鳥または漂鳥として主に本州中部から北海道に分布、四国でも繁殖の可能性
環境	亜高山帯の針葉樹林

成鳥メス。目の周りの白色部や、雨覆の白黒の帯も目立つ。野外での雌雄の見分けは難しい

成鳥オス。名前は頭の黄色部を菊の花びらに見立てたもの

日本最小の鳥。頭に菊の花びらのような黄色部

見る 日本最小の鳥の1つ。体はオリーブ色で頭部は灰色みがある。頭頂に黒く縁取られた黄色部があり、オスはその中央に赤色部がある。

知る 針葉樹の梢を動き回り、昆虫やクモを食べる。停空飛翔したり枝にぶら下がって捕らえることもある。チチチチチチッチリリリなどとさえずる。コケなどで椀形の巣を作り、枝先にクモの糸で吊り下げる。冬は平地に移動し、カラ類とよく混群になる。

セッカ
（雪加） ★

- 学 *Cisticola juncidis*
- 英 Zitting Cisticola

大きさ	L13cm
分布	留鳥または漂鳥として主に本州中部以南に分布、北日本では局地的
環境	草地、河原、アシ原、農耕地

成鳥冬羽。冬は多くが暖地へ移動し、夏冬で個体群が違うこともある。地鳴きはチュッと鳴く

成鳥夏羽。昆虫やクモなどを食べる

草地の上で独特のさえずり飛翔をおこなう

見る 雌雄同色。夏羽では頭上に黒褐色の縦斑があり、体の上面は黄褐色と黒褐色の縦斑状。尾は先端が白く、オスで鮮明になる。冬羽は頭部や上面の黒みが淡くなる。

知る 繁殖期、チッチッチッと上昇し、チャッチャッチャッと舞い降りるさえずり飛翔をおこなう。一夫多妻で繁殖。オスは巣を次々と作り巣ごとにメスを誘う。巣は草をクモの糸で固めて作り、周囲の草に縫いつけて固定する。

194

成鳥。地鳴きはクワックワッ、キィキィと鳴く。春先にはよくぐぜる

カンボクの果実を食べる。冬は食物を求めて人家の庭にもよく現れる

成鳥。カキやナナカマド、イイギリなど、秋のうちは果実をよく食べる

亜種ハチジョウツグミは数少ない冬鳥として渡来。全体に赤褐色みが強いが個体差が激しく、上面が灰色で下面の斑紋が赤褐色の個体もいる

ツグミ（鶇）

学 *Turdus naumanni*　**英** Dusky Thrush

開けた場所にいて、姿勢の正しさが印象的

見る オスは頭部から背、肩羽、尾にかけて黒褐色。翼は茶褐色で、眉斑と喉は淡黄白色。胸や脇に黒斑があり、胸で横帯状になるものもいる。メスはオスより褐色みが強い。

知る 秋は山地で群れで過ごし、冬は分散して平地に移動。日中は単独行動だが、ねぐらでは数羽が集まる。開けた場所に出て、ミミズや昆虫を食べる。また果実も好む。数歩歩いては止まり、枯れ葉をかき分けては止まり、胸を反らせた姿勢で周囲を警戒する。以前はかすみ網で捕獲されたが、今は禁止されている。

大きさ	L24cm
分布	冬鳥または旅鳥として全国に渡来する
環境	平地から山地の林、農耕地、公園、河原

スズメ目ヒタキ科

成鳥オス。本州中部では亜高山帯で繁殖するが、東北地方や北海道では平地でも繁殖する

稀な旅鳥として渡来する近似種のカラアカハラ（*T. hortulorum*）。主に日本海側の島々で記録される。上面は灰褐色で胸の色の境界が明瞭な印象

亜種オオアカハラ。嘴はやや大きくて太い

成鳥メス。オスに比べ淡色

アカハラ（赤腹）

英 Brown-headed Thrush　学 *Turdus chrysolaus*

★★

胸から腹が橙色で赤腹。よく通る声でさえずる

大きさ	L24cm
分布	夏鳥として本州中部以北に渡来、一部は本州中部以南で越冬する
環境	亜高山の林、冬は平地や低山の林

見る オスは頭部から尾までの上面がオリーブ褐色で、顔と喉はやや暗色。胸から腹は橙色で、腹中央から下尾筒は白色。メスはやや淡色で喉も白いが、個体差があり不明瞭な眉斑を持つものもいる。冬鳥として渡来する亜種オオアカハラは上面の色みが濃い。

知る 落葉広葉樹林や針広混交林に生息。冬は藪のある場所を好み、都市公園にも現れる。林床で昆虫やミミズを捕らえ、果実も食べる。早朝にキョロン・キョロン・ツィーとよい声でさえずる。木の枝の股などに巣を作り繁殖する。

スズメ目ヒタキ科

アカコッコ
（赤鶫、島赤腹） ★★ 🌲

| 学 | *Turdus celaenops* |
| 英 | Izu Thrush |

- 大きさ　L23㎝
- 分布　伊豆諸島と吐噶喇列島で留鳥。一部は漂鳥で冬に移動
- 環境　平地から山地の林、農耕地

EN（絶滅危惧ⅠB類）、天然記念物

成鳥オス。伊豆諸島を代表する鳥。八丈島ではコッコメと呼ばれる

成鳥メス。生息数の多かった三宅島では、外来天敵のイタチや火山噴火の影響で減っている

オスは頭が黒く、黄色い嘴、アイリングが明瞭

見る　オスは頭部から首、上胸が黒色、胸から腹は濃い橙色で、黒色部との境は明瞭。腹の中央から下尾筒は白色。メスはオスより淡色で喉は白く、褐色縦斑がある。

知る　広葉樹林に生息し、人家近くでも見られる。林床で昆虫やミミズを食べ、果実も食べる。ギョロロッ・ジッとさえずり、繁殖初期には日の出前の薄暗い時間に一斉にさえずる。冬は伊豆半島や相模湾岸に移動するものもいる。

マミチャジナイ
（眉茶鶫） ★★★ 🌲

| 学 | *Turdus obscurus* |
| 英 | Eyebrowed Thrush |

- 大きさ　L22㎝
- 分布　旅鳥として全国に渡来し、西日本では越冬するものもいる
- 環境　平地から山地の林

成鳥オス。秋はミズキやクサギ、ナナカマドなどの果実を食べる

若鳥メス。アカハラのメスに似るがやや小さく、目の下に白斑があり、胸や脇の橙色も薄い

ツグミやアカハラより小さく、眉斑が目立つ

見る　雌雄ともに眉斑が明瞭。オスは頭部から首は青みのある灰褐色で、背から尾の上面はオリーブ褐色。胸から脇は橙色を帯び、腹や下尾筒は白色。メスはオスに比べて淡色。

知る　春秋の渡り時期に見られ、特に秋は他のツグミ類より早い9月下旬〜10月上旬に渡来する。市街地の公園などでも見られ、群れていることが多い。地面を歩き昆虫を食べ、果実もよく食べる。西日本で少数が越冬する。

スズメ目ヒタキ科

クロツグミ
（黒鶫）　★★ 🌲

- 学 *Turdus cardis*
- 英 Japanese Thrush
- 大きさ　L22cm
- 分布　夏鳥として北海道から九州に渡来する
- 環境　平地から山地の林

成鳥オス。大型ツグミ類では最小で、ツグミより小さい

成鳥メス。メスは頭部から上面が暗褐色。下面は白くて黒色斑があり、脇は橙色を帯びる

黒い体に黄色い嘴が映える。さえずりが美声

見る　オスは頭部から胸と尾までの上面、翼がやや灰色みを帯びた黒色。腹から下面は白く、黒い斑紋がある。嘴とアイリングは黄色。

知る　*準日本特産種で、明るい林に生息。繁殖期のオスは木の梢などでキョロイキョロイ・キョコキョコ・コキョコなどとさえずる。1羽のさえずりのレパートリーは数十種類あるという。林床で主に昆虫類を食べ、果実も食べる。樹上に巣を作って繁殖する。

マミジロ
（眉白）　★★★ 🌲⛰

- 学 *Zoothera sibirica*
- 英 Siberian Thrush
- 大きさ　L23cm
- 分布　夏鳥として本州中部以北に渡来する
- 環境　低山から亜高山の林

成鳥オス。まだ暗い早朝や夕方、霧の出た日などにさえずる

成鳥メス。樹上に巣を作って繁殖する。メスでもさえずることがある

オスは全身黒色。名前の通り白い眉斑が明瞭

見る　オスはほぼ全身が黒色で、純白の眉斑が目立つ。下尾筒には白い羽縁があり横斑状になる。メスは頭部から尾までの上面がオリーブ褐色で下面は褐色の鱗状斑がある。

知る　広葉樹林や針広混交林に生息し、ミミズや昆虫などを食べる。キョロン・チーとさえずる。渡りの時期は都市公園にも現れる。近年、静岡県で軽量記憶装置を装着した個体がカンボジアで越冬し、越冬地が初めて確認された。

スズメ目ヒタキ科

*クロツグミは、日本以外では中国中部のごく一地域でしか繁殖していない

クロウタドリ
（黒歌鳥） ★★★

- 学 *Turdus merula*
- 英 Eurasian Blackbird

大きさ	L28cm
分布	各地で稀な旅鳥または冬鳥として渡来
環境	林縁、芝地、農耕地

成鳥オス。ビートルズの楽曲にこの鳥の英名を冠したものがある

成鳥メス。オスに比べて全体に褐色みが強い。アイリングと嘴は黄色い

ヨーロッパでお馴染みの鳥も日本ではごく稀

見る オスは足も含めた全身が黒色で、嘴とアイリングが黄色くてよく目立つ。メスは全身が黒褐色。下面はやや淡色で縦斑がある。

知る ごく稀な鳥で、主に春の渡りの時期に観察される。八重山諸島の西表島や与那国島では観察例が多い。ヨーロッパではブラックバードと呼ばれ、親しまれている。開けた場所に出て、昆虫やミミズなどの他、果実も食べる。キョッと鳴くことがある。

シロハラ
（白腹） ★

- 学 *Turdus pallidus*
- 英 Pale Thrush

大きさ	L25cm
分布	冬鳥として全国に渡来する。また少数が西日本で繁殖する
環境	平地から低山の林

成鳥オス。地鳴きはキョッキョッと鳴く

幼鳥。成鳥メスに似るが大雨覆に淡色の羽縁がある。成鳥とも尾羽の先端両脇に白斑がある

藪の中でガサガサ枯れ葉をかき分け採餌する

見る 雌雄ほぼ同色。オスは頭部が灰褐色、体の上面は茶褐色。下面は白色や灰色で個体差があり、胸から脇は褐色を帯びる。メスはオスに比べて全体に淡色になる。

知る 下生えの多い林に生息し、開けた場所にあまり出ない。林床で昆虫やミミズ、果実を食べる。1991年に西中国山地で繁殖が確認され、対馬でも繁殖していると思われる。早朝などにアカハラに似た声でさえずる。

スズメ目ヒタキ科

成鳥オス。繁殖期は姿よりもその声で存在に気がつくことも多い。この仲間は国外では高山の岩場に生息する

別種のヒメイソヒヨ（*M. gularis*）。稀な迷鳥として渡来する。イソヒヨドリより小さく、羽色もまた個性的

第一回夏羽。褐色みや白点、鱗状斑が残る

成鳥メス。下面の鱗状斑が目立つ

イソヒヨドリ（磯鵯）

英 Blue Rock Thrush　学 *Monticola solitarius*

海岸の岩場や防波堤の上でさえずる青い鳥

- 大きさ　L23cm
- 分布　留鳥または漂鳥として本州から九州に分布、北海道では夏鳥
- 環境　海岸の岩場、港湾

見る　オスは頭部から胸、尾までの上面が青色。腹から下尾筒は赤褐色。メスは頭部から上面が青みのある暗灰褐色で、下面は淡黄褐色の地に黒褐色の鱗状の斑紋がある。

知る　海岸の岩場や防波堤にいて砂浜では見ない。内陸の市街地にも現れる。崖の岩棚や割れ目に巣を作るが、人工物もよく利用する。主に昆虫を食べ、秋から冬は果実も多く食べる。ホイピーチュチュピーピチュゥなどとよい声でさえずる。南西諸島ではオスの全身が青い亜種アオハライソヒヨドリが稀に渡来する。

スズメ目ヒタキ科

200

成鳥。特徴的な声は物悲しく聞こえ、曇りの日にもよく鳴く

トラツグミ
（虎鶫） ★

学 *Zoothera dauma*
英 Scaly Thrush

大きさ L29.5cm
分布 本州から九州で留鳥または漂鳥、北海道では夏鳥
環境 低山から亜高山の林、冬は平地の林にも

DD（情報不足）：コトラツグミ

成鳥。林床で枯れ葉をかき分けて採餌し、あまり開けた場所には出てこない

黄色っぽい体に三日月状斑のある大型ツグミ

見る 雌雄同色。頭部から尾までの上面と翼は黄褐色、下面は白色で、全身に黒褐色の三日月状斑がある。

知る 山地の林に生息し、冬は平地や丘陵の林にも現れる。林床で昆虫やミミズなどを食べ、冬は果実も食べる。繁殖期には夜間にヒィー、ヒョーなどと鳴く。この声で鳴く鳥を古くは鵺（ぬえ）と呼んだ。平家物語に登場する怪物は鵺の声で鳴くとされ、後に怪物の名前そのものが鵺になった。

オオトラツグミ
（大虎鶫） ★★★

学 *Zoothera major*
英 Amami Thrush

大きさ L30cm
分布 留鳥として奄美大島、加計呂麻島に分布する
環境 原生的な常緑広葉樹林

天然記念物

成鳥。林床でミミズや昆虫などを食べる。まだ詳しい生態は不明だ

成鳥。樹上に小枝や泥の土台をコケで覆ったカップ状の巣を作り、繁殖したことが観察された

奄美大島と加計呂麻島（かけろまじま）だけに棲むトラツグミ

見る トラツグミより少し大きく、頭が大きく見える。また足もやや長い。羽色はトラツグミに酷似している。

知る 谷あいの原生的な照葉樹林に生息し、個体数は約200羽。日本の分類ではトラツグミの亜種とされるが、尾羽が12枚（トラツグミは14枚）と形態が異なり、さえずりも違うため別種とする説が有力。早朝の約30分間、キョロンチィー、ヒョーヒィヨォ、キョロロンなどとさえずる。

スズメ目ヒタキ科

成鳥オス。雌雄ともに尾をよく振り、その際にお辞儀をするようにピクンと頭を下げる

ジョウビタキ（常鶲、尉鶲）

英 Daurian Redstart　学 *Phoenicurus auroreus*

白黒顔のオス。雌雄ともに翼の白斑が目立つ

- 大きさ：L14cm
- 分布：冬鳥として全国に渡来する
- 環境：平地から山地の林縁、疎林、市街地、農耕地、公園、河原

見る オスは頭部が灰白色で顔が黒く、頭は光線によっては銀色に見える。背や翼は黒くて次列風切の基部にある白斑が目立つ。胸からの下面と腰や上尾筒は赤橙色。尾は黒い。メスは上面が褐色で次列風切基部の白斑は小さく、下面は淡赤橙色。

知る 平地から山地の幅広い環境で見られ、人家の庭にも現れる。非繁殖期は雌雄それぞれ単独でなわばりを持ち、渡来当初は目立つ場所でヒッヒッと鳴く。渡去前に、さえずりのようにぐぜるものもいる。昆虫や果実を食べる。

▲成鳥オス。翼の白斑から「紋付鳥」の地方名もある
▶成鳥メス。カッカッと鳴くこともある

スズメ目ヒタキ科

成鳥オス夏羽（左右とも）。胸の赤橙色部の大きさは個体差がある。止まり木はなわばり宣言するためのソングポストでもある

ノビタキ（野鶲）

★★

学 *Saxicola torquatus*　**英** Common Stonechat

高原や湿原で歌い飛び交う黒頭巾の小鳥

見る オスの夏羽は頭部が黒色。背や翼、尾も黒くて大雨覆に細い白斑がある。下面と腰、上尾筒は白色で、胸は赤橙色。メスの夏羽は上面が黒褐色、下面は白っぽく、胸は淡い橙色を帯びる。冬羽は雌雄ともに橙黄色を帯び、オスは頭部や上面に黒みがある。

知る 冷涼な気候の草原で繁殖。止まり木となる高い草や低木のある草地を好む。止まり木から舞い降りたりフライングキャッチをして、昆虫を食べる。秋の渡り時期には平地でも見られる。ピチューヒーチューヒーなどとさえずる。

大きさ	L13cm
分布	夏鳥として本州中部以北に渡来、同以南では旅鳥。八重山諸島では少数越冬
環境	平地や高原の草地、湿地、農耕地

青虫を捕らえたオス。止まり木は採餌に重要な役割を果たす

成鳥メス夏羽。草むらや地面のくぼみに巣を作る

スズメ目ヒタキ科

203　フライングキャッチ：止まり木などから飛び立ち、空中の獲物を捕らえる採餌法

ノゴマ
（野駒） ★★★

学 *Luscinia calliope*
英 Siberian Rubythroat

- 大きさ　L16cm
- 分布　夏鳥として北海道に渡来し、本州以南では旅鳥、南西諸島で少数越冬
- 環境　平地から山地、海岸近くの草原

成鳥オス。特徴的な羽色から「日の丸」の愛称で親しまれている

ハマナスの花の上で鳴く成鳥メス。雌雄ともに尾を上げた姿勢をよくとる

ワンポイントの赤い喉が強い印象を残す

見る オスは体がオリーブ褐色で、純白の眉斑と顎線、鮮やかな赤い喉が目立つ。腹部は淡色。メスは喉が白いが、淡い赤色斑を持つものもいる。

知る 平地の草原や湿原、高山のハイマツ帯など藪が多い場所に生息。主に昆虫を食べる。低木や草の根元などに巣を作り繁殖する。北海道の各地で繁殖し、岩手県の早池峰山（はやちね）と岩木山でも繁殖記録がある。チョイチョイ・チーチリチリなどとさえずる。

オガワコマドリ
（小川駒鳥） ★★★

学 *Luscinia svecica*
英 Bluethroat

- 大きさ　L15cm
- 分布　稀な旅鳥または冬鳥として各地に渡来、主に日本海側の島々に多い
- 環境　河川や湖沼畔の草地、アシ原、農耕地

成鳥オス夏羽。喉の青色が増して、橙色や黒色の帯は減る

成鳥オス冬羽。喉の青色が減り橙色が増す。尾の外側に橙色部があって、飛ぶと目立つ

喉から胸にかけての模様がとても個性的

見る オスは頭部から尾の上面がオリーブ褐色で、腰には橙色みがある。眉斑は明瞭。腹は白色。喉から胸に青色、橙色、黒色、白色の帯模様があり、夏羽では喉の青みが増す。メスは喉が白く、黒色の顎線と胸に黒帯がある。

知る 本州中部以西、特に日本海側の島々で記録が多い。ほとんど単独で見られる。明治時代の鳥類学者・小川三紀（おがわみのり）氏の死後に発見され、所蔵標本から日本初記載された。

スズメ目ヒタキ科

成鳥オス。さえずる時にも開けたところに出てこない

コルリ（小瑠璃） ★★

学 *Luscinia cyane*
英 Siberian Blue Robin

大きさ　L14cm
分布　夏鳥として主に本州中部以北に渡来する
環境　低山から亜高山の下草の多い林

成鳥メス。普通はオスがさえずるが、本種では育雛中のメスがさえずっているのが観察されている

青と白の美しい小鳥だが、藪から出てこない

見る　オスは頭部から尾までの上面や翼の一部が暗青色、喉から体の下面は白色で、脇に青みがある。メスは頭部から上面がオリーブ褐色で、喉から下面は白い。

知る　林床にササが茂る広葉樹林に生息。主に昆虫を食べる。木の根元や傾斜地の地面にあるくぼみに枯れ葉などで椀形の巣を作る。チッチッチッ…という前奏の後に、ピンツルルル、チージョイジョイなど多様な声でさえずる。

成鳥オス。ヒチョリチョロロチョロチーなどとさえずる

ルリビタキ（瑠璃鶲） ★★

学 *Tarsiger cyanurus*
英 Red-flanked Bluetail

大きさ　L14cm
分布　留鳥または漂鳥として北海道、本州、四国に分布
環境　夏は主に亜高山、冬は平地から山地の林、公園

成鳥メス。オス若鳥は小雨覆が青灰色で、尾の青色や脇の橙色が濃いが、区別は難しい

上面の青色と脇の橙色が目印。オスに2型ある

見る　オスは頭部から尾までの上面は青色で、白い眉斑がある。喉から下面は白く、胸側から脇は橙色。メスは上面がオリーブ褐色で、尾は青みを帯びる。下面は白く、胸は褐色で脇が橙色。

知る　亜高山帯の針葉樹林で繁殖し、冬は平地や山地の林に移動、都市公園にも現れる。主に地上で昆虫を食べる。オスの若鳥（初繁殖齢）はメスに似た羽色だが、青いオスと変わらずに繁殖に参加する。

スズメ目ヒタキ科

成鳥オス。人気の高い小鳥だが、見るには粘りが必要。学術記載時に学名を次ページのアカヒゲと付け間違えたのは有名な話

コマドリ（駒鳥）

英 Japanese Robin　　学 *Luscinia akahige*

馬のいななきのような声で鳴くので駒鳥

大きさ	L14cm
分布	夏鳥として北海道から九州に渡来、伊豆諸島や薩南諸島で留鳥
環境	下草の多い針葉樹林、針広混交林

VU（絶滅危惧Ⅱ類）：タネコマドリ

見る オスは頭部から上胸までが褐色みのある赤橙色。背からの上面は茶褐色。胸から下面は灰色で、胸には灰黒色帯がある。メスはオスに比べて全体に色味が鈍い。

知る 日本三鳴鳥の1つで、ヒンカララとさえずる。藪の中で活動し、あまり姿を見せない。主に昆虫を食べる。屋久島の個体群は伊豆諸島と同じ亜種タネコマドリとされるが、伊豆諸島と異なり標高の高いヤクスギ林に生息する。近年、シカの食害でササが減り、生息数が激減した例が大台ヶ原で報告されている。

▲成鳥メス。石や倒木の陰などに営巣して繁殖する
▶亜種タネコマドリ成長オス。胸に灰黒色の帯がない

スズメ目ヒタキ科

亜種アカヒゲ成鳥オス。脇に大きな黒斑があるのが特徴。生息域の減少や外来イタチなど天敵の増加で減少している。国の天然記念物

アカヒゲ（赤髭） ★★

学 *Luscinia komadori*　**英** Ryukyu Robin

コマドリに似るが顔から胸が黒いのが特徴

見る オスは頭上から尾までの上面が暗赤橙色。顔から喉、胸が黒色で下面は白色。メスは顔から胸に黒色部はなく、体下面は灰白色。

知る 亜種アカヒゲは男女群島と大隅半島から吐噶喇列島で夏鳥、奄美諸島で留鳥。亜種ホントウアカヒゲは沖縄諸島で留鳥。亜種ウスアカヒゲは八重山諸島に分布するとされるが、亜種アカヒゲの越冬個体群とする説が有力。主に昆虫を食べる。ヒーヒョヒョヒョ、ヒーヒョヒーチョなどとさえずる。樹洞や岩棚に巣を作り、人工物も利用する。

大きさ	L14cm
分布	留鳥として南西諸島と男女群島に分布
環境	主に沢沿いの常緑広葉樹林

天然記念物、VU（絶滅危惧Ⅱ類）、EN（絶滅危惧ⅠB類）：ホントウアカヒゲ、（DD：ウスアカヒゲ）

亜種ホントウアカヒゲ成鳥オス。脇に黒斑はない

亜種ホントウアカヒゲ成鳥メス。メスはどの亜種も似ている

スズメ目ヒタキ科

成鳥オス。九州以北に分布するのは亜種キビタキ。南西諸島の亜種リュウキュウキビタキは、オスの上面に緑色みがあり、さえずりも単調

キビタキ（黄鶲）

英 Narcissus Flycatcher　学 *Ficedula narcissina*

★★

大きさ	L14cm
分布	夏鳥として北海道から九州に渡来。南西諸島では留鳥
環境	低山から山地の林

上面が黒色で、黄色い眉斑と喉がよく目立つ

見る オスは頭部から背、肩羽、尾が黒色で、眉斑と腰から上尾筒が黄色。喉から胸は橙色を帯びた黄色、腹から下尾筒は白色。翼に白斑があり、メスは上面がオリーブ褐色で下面は淡褐色。

知る 主に低木などが多く、樹冠部の発達した広葉樹林に生息。林の中で活動するため、姿は見づらい。フライングキャッチで昆虫を捕らえるが、春から初夏は樹上や地上でガなどの幼虫も食べる。ホイヒーロ、ヒ・ヒリリン、オーシツクツク、チョットコイなど多様な声でさえずる。

▲成鳥メス。オスとは対称的に地味な羽色
▶成鳥オス。渡りの時期は平地の市街地にも現れる

スズメ目ヒタキ科

成鳥オス。美しさはキビタキに勝るとも劣らず、稀少度は最上級

マミジロキビタキ
（眉白黄鶲） ★★★

- 学 *Ficedula zanthopygia*
- 英 Yellow-rumped Flycatcher

- 大きさ L14cm
- 分布 稀な旅鳥として主に日本海側の島々に渡来
- 環境 平地から山地の林

成鳥オス。さえずりはキビタキよりも単調で短い。地鳴きはピッピッと鳴く

眉斑が白く、喉から下面が鮮やかな黄色

見る キビタキに似ているが名前の通り眉斑が白色で、喉から下尾筒は橙色を帯びた黄色。また大・中雨覆の一部と三列風切の一部が白く、キビタキより白斑が大きく見える。メスもキビタキに似るが、オス同様に翼に白斑がある。

知る 渡りの時期に日本海側、特に沖合の島々で見られる。他ではごく稀だが、過去に東京の六義園（りくぎえん）に飛来したことがある他、富士山麓でキビタキのメスと繁殖した例がある。

成鳥オス。地鳴きはヒッヒッと鳴く。春はぐぜりを聞くことがある

ムギマキ
（麦蒔） ★★★

- 学 *Ficedula mugimaki*
- 英 Mugimaki Flycatcher

- 大きさ L13cm
- 分布 旅鳥として各地に渡来。日本海側の島々に多い
- 環境 平地から山地の林

成鳥メス。眉斑や外側尾羽基部の白斑はない。翼には淡色の細い翼帯が出る

キビタキよりシックな印象の羽色。秋に多い

見る オスは頭部から尾までの上面は黒色で、目の上後方に小さな眉斑、翼と外側尾羽の基部に白斑がある。喉から胸は橙色で、腹から下尾筒は白色。メスは上面がオリーブ褐色で、喉から胸は淡橙色。

知る 春より秋に多く、麦蒔きのころに見られるというのが名前の由来。日本海側の島々では観察例が多いが、平地の公園で見られることもある。枝に止まり、昆虫をフライングキャッチで捕らえる。

スズメ目ヒタキ科

成鳥オス。主に昆虫を食べ、枝から飛び出してフライングキャッチをすることも多い

幼鳥オス。翼や尾が青い。調査から秋の渡りは幼鳥と成鳥でコースが違うことが示唆されている

成鳥メス。目立たず姿を見る機会も少ない

成鳥オス。高い梢でさえずる

オオルリ（大瑠璃）

英 Blue-and-White Flycatcher　学 *Cyanoptila cyanomelana*

大瑠璃の名前に相応しい青い羽色が美しい

- 大きさ：L16cm
- 分布：夏鳥として北海道から九州に渡来する
- 環境：低山から山地の、主に沢沿いの林

見る オスは頭部から尾までの上面が青色で、後頸や背は紫色を帯びる。顔から胸、脇は黒色。腹から下面は白色。メスは頭部から上面、胸、脇はオリーブ褐色。下面は白色。

知る 主に渓流沿いの広葉樹林に生息。オスは初夏に高い梢で、ピィーリーリー、ポイヒーピピ、ピーチュイチュイなどとさえずり、最後にジジッと鳴く。日本三鳴鳥の1つ。崖や土手のくぼみや樹洞に巣を作り、建物や人工物への営巣例も多い。近年、大隅諸島の黒島で大陸産亜種チョウセンオオルリが確認された。

スズメ目ヒタキ科

サメビタキ（鮫鶲）★★

学 *Muscicapa sibirica*　英 Siberian Flycatcher

- 大きさ　L14cm
- 分布　夏鳥として本州中部以北に渡来する
- 環境　亜高山帯の針葉樹林

成鳥

胸は灰褐色。亜高山帯で繁殖する

見る　コサメビタキやエゾビタキに似る。雌雄同色。頭部から尾の上面は暗灰褐色で、翼は黒褐色。下面は白く胸から脇は灰褐色で、縦斑状になる個体もいる。嘴は短め。

知る　針葉樹林に生息。主に昆虫を食べ、止まり木からフライングキャッチをおこなう。秋には果実なども食べる。さえずりは小声で複雑。渡りの途中は平地にも現れる。

コサメビタキ（小鮫鶲）★★

学 *Muscicapa dauurica*　英 Asian Brown Flycatcher

- 大きさ　L13cm
- 分布　夏鳥として北海道から九州に渡来する
- 環境　主に低山から山地の落葉広葉樹林

成鳥

胸は淡い褐色。低山や山地で繁殖する

見る　雌雄同色。頭部から上面は明るめの灰褐色で、翼は黒褐色で短め。目先が白く、目は大きく見える。下面は白く、胸から脇は淡褐色みがある。

知る　落葉広葉樹林に生息。昆虫を食べフライングキャッチをおこなうが、葉の裏の昆虫なども多く捕らえる。さえずりは、小さな声で複雑。枝の付け根などにコケで椀形の巣を作る。

エゾビタキ（蝦夷鶲）★★

学 *Muscicapa griseisticta*　英 Grey-streaked Flycatcher

- 大きさ　L15cm
- 分布　旅鳥として各地に渡来する
- 環境　平地から山地の林、林縁

成鳥

胸に明瞭な縦斑。渡りの時期に渡来する

見る　雌雄同色。頭部から尾の上面は灰褐色で、大雨覆先端と三列風切外縁の白色が比較的目立つ。下面は白く、胸から脇に暗褐色の縦斑がある。

知る　秋の渡り時期に多く見られ、小群でいることもある。明るい林にいて、市街地の公園などにも現れる。フライングキャッチで昆虫を捕らえる他、果実も食べる。地鳴きはツィーなどと鳴く。

スズメ目ヒタキ科

巣に止まる成鳥オス。自慢の長い尾も繁殖が終わると抜けて、短くなる

雛に餌を与える成鳥メス。抱卵・子育てともに雌雄が共同でおこなう

南西諸島の亜種リュウキュウサンコウチョウ成鳥オス冬羽。九州以北の亜種サンコウチョウと野外識別は困難

成鳥オス。さえずりが「月日星（つまり三つの光）」と聞こえることが名前の由来

サンコウチョウ（三光鳥）

英 Japanese Paradise Flycatcher　　学 *Terpsiphone atrocaudata*

長い尾をなびかせ飛ぶ。青いアイリングも印象的

見る オスは頭部から胸、脇が紫黒色、上面は暗紫褐色で下面は白色。長い尾は黒色。メスは頭部から胸が灰黒色で上面は褐色、下面は白色。雌雄とも嘴とアイリングはコバルトブルーで、冠羽がある。

知る 樹冠がよく茂り、中層に空間のある薄暗い林を好む。林の中を飛びながら昆虫を食べる。水浴びも地面に降りず、飛びながら水に飛び込む。繁殖期のオスは、ゲッ・フィヒー・フィ・ホイホイなどとさえずる。細い枝先や木の蔓にコケや樹皮、クモの巣などで椀形の巣を作る。

- **大きさ** L オス 45㎝、メス 17.5㎝
- **分布** 夏鳥として本州以南に渡来する
- **環境** 平地から低山の落葉広葉樹林やスギ植林地

スズメ目カササギヒタキ科

212

成鳥。地鳴きはジュリリ、チュリリリなどと鳴き、声で存在がわかる

成鳥。群れで行動し、ねぐらでは枝に並列に止まり寄り添って眠る

亜種シマエナガは北海道に分布する。本州以南の亜種と異なり、眉斑がなく頭部が白いのが特徴。ただし幼鳥には淡い眉斑がある

エナガ（柄長）

学 *Aegithalos caudatus* 英 Long-tailed Tit

小さくて丸い体に、短小な嘴と長い尾を持つ

大きさ	L14cm
分布	留鳥または漂鳥として北海道から九州に分布
環境	平地から山地の林

見る 雌雄同色。体は白く、眉斑と背の中央、翼と尾は黒色。背の左右と、下腹から下尾筒は淡いぶどう色。

知る 木々の小枝で逆さになったり、時には停空飛翔もして小さな昆虫やクモを食べる。主に針葉樹や棘のある木、密生した藪に、コケなどをクモやガの繭の糸で織り込んだ袋状の巣を作る。つがい繁殖だが、繁殖に失敗した個体がヘルパーになることがある。非繁殖期は家族群やその合同群で過ごし、冬はカラ類とも混群になる。チーチーチュリジュリリとさえずる。

ツリスガラ（吊巣雀）

学 *Remiz pendulinus* 英 Penduline Tit

大きさ	L11cm
分布	本州中部以南に冬鳥として渡来する
環境	河川のアシ原

成鳥

アシ原でパチパチと音を立てて餌をとる

見る オスは頭上が灰色で白い眉斑と黒い過眼線がある。背は褐色で、下面は白っぽい。メスはオスに比べて淡色。

知る 以前は迷鳥だったが1970年代から分布を広げ、西日本に多い。小群で過ごし、アシの葉鞘を鋭い嘴ではがし中のカイガラムシを食べる。袋状の吊り巣を作るのが名前の由来。チー、ツィーと鳴く。

ハシブトガラ
（嘴太雀） ★ 🌲

学 *Poecile palustris*
英 Marsh Tit

大きさ　L13cm
分布　留鳥として北海道に分布
環境　平地から山地の落葉広葉樹林

成鳥。冬は他のカラ類や小鳥と混群を作る。地鳴きはツィーツツッ、ジェーなどと鳴く

成鳥。日本では北海道だけに分布するカラ類

コガラに似る。環境や声なども見分けのヒント

見る　雌雄同色。コガラによく似ているが、名前の通り嘴が太くて、光沢も黒みも強い。頭上の黒色部は光沢があり、次列風切の羽縁は目立たない。尾は角尾。足も太い。

知る　落葉広葉樹林や水辺の林に多い。主に林の下層や藪で昆虫やクモを捕らえる。また果実や種子も食べ、樹皮の間などに貯えたりもする。樹洞やキツツキの古巣を利用し繁殖。チョチョチョチョ、ピスィピスィなどとさえずる。

コガラ
（小雀） ★ 🌲 ⛰

学 *Poecile montanus*
英 Willow Tit

大きさ　L13cm
分布　留鳥として北海道から九州に分布
環境　低山から亜高山の林、北海道では平地の林にも生息する

成鳥。積雪地以外では、冬でもあまり平地に降りない。地鳴きはツツッジェージェーと鳴く

成鳥。枯れた小枝などに嘴を打ち込んで採餌するのが特徴

針葉樹林で見られるベレー帽をかぶったカラ類

見る　雌雄同色。頭上と喉は光沢のない黒色。体の上面は灰褐色、翼は暗灰褐色で、風切の外縁が白い。頬から体の下面は白色。尾は円尾。

知る　針葉樹林に多い。林の中・下層、藪などを動き回り、枯れた小枝や折れ口、幹などをつついて昆虫などを捕らえる。果実や種子も食べ、冬用に貯える習性もある。枯れ木などに巣穴を掘り繁殖する。ツッピーツッピー、ピピピーピピピーとさえずる。

スズメ目シジュウカラ科

214

ヒガラ（日雀）

★★ 🌲 🔔

学 *Periparus ater*
英 Coal Tit

- 大きさ　L11㎝
- 分布　留鳥として北海道から九州（屋久島まで）に分布
- 環境　平地から亜高山の主に針葉樹林

成鳥。アカマツやカラマツの種子をよく食べ、貯える習性もある

成鳥。冬は混群になり、平地の林にも現れる。地鳴きはツィ、チー、チュビッなどと鳴く

日本産カラ類で最小。冠羽と黒い涎掛（よだれか）けを持つ

見る 雌雄同色。頭部は黒色で、短い冠羽がある。頬は白く喉は三角形に黒い。体上面は暗青灰色で翼に2本の翼帯があり、下面はくすんだ白色。

知る 針葉樹林に多く、主に樹冠や中層の枝先を細かく動き回り小さな昆虫を食べる。笹藪で葉の表皮をはがし、中の昆虫幼虫を捕ることもある。マツ類の種子も好み、松毬（まつかさ）によくぶら下がる。樹洞やキツツキの古巣に巣を作り繁殖。ツピンツピンとさえずる。

ヤマガラ（山雀）

★ 🌲

学 *Poecile varius*
英 Varied Tit

- 大きさ　L14㎝
- 分布　留鳥として全国に分布する
- 環境　平地から山地の林

EX（絶滅）：ダイトウヤマガラ、EN（絶滅危惧ⅠB類）：ナミエヤマガラ、VU（絶滅危惧Ⅱ類）：オーストンヤマガラ、NT（準絶滅危惧）：オリイヤマガラ

成鳥。昔は飼い慣らし、おみくじ引きの芸をさせたりもした

伊豆諸島の三宅島、御蔵島、八丈島に分布する亜種オーストンヤマガラ。他亜種より羽色が濃い

橙褐色の羽色が特徴。嘴も大きくて太い

見る 雌雄同色。頭上と喉から上胸が黒く、額や頬は黄白色。背と下面は橙褐色。肩羽や翼、腰から尾は青灰色。

知る 広葉樹林、特に暖地の常緑広葉樹林に多い。樹上で昆虫などを食べ、虫こぶの中の幼虫を食べたりもする。マツの種子、シイ・カシ類やエゴノキの堅果（けんか）も好み、足指で押さえ丈夫な嘴で割って食べる。食物の貯蔵もおこなう。ツーツーピーとさえずり、地鳴きはニーニーなどと鳴く。

スズメ目シジュウカラ科

成鳥オス。ツーツーピーツーツーピー、ツツピーツツピーなどとさえずる。地鳴きはかなり多様な声を出す

幼鳥。頬や下面は黄色を帯び、胸の黒帯は細い。夏ごろには成鳥の後を追ったり、餌をねだる姿をよく見かける

成鳥メス。オスに比べ下面の黒帯が細い

成鳥オス。食物を足指で押さえる

シジュウカラ（四十雀）

英 Great Tit　学 *Parus minor*

黒いネクタイをする。カラ類では最も普通種

見る 頭部は頬をのぞき黒色。喉の黒色部は腹につながり黒帯になる。上面は青灰色で背や肩羽は緑黄色。南方の亜種は暗色で緑黄色みが少ない。

知る 平地の雑木林、市街地にも普通。樹上の他、冬は林の下層や地上、藪をよく利用し、昆虫や種子、果実を食べる。食物を足指で押さえたり、落ち葉やむしり取った樹皮を、首をねじって捨てる動作を見せる。混群では他の鳥の後を追い、先んじて採餌したりする。樹洞やキツツキの古巣に巣を作り、巣箱や人工物の穴や隙間もよく利用する。

大きさ	L15cm
分布	留鳥または漂鳥として全国（小笠原諸島をのぞく）に分布
環境	市街地周辺、公園、平地から山地の林

スズメ目シジュウカラ科

216

スズメ目ゴジュウカラ科

成鳥。冬はカラ類の混群に混じることもある

北海道の亜種シロハラゴジュウカラ。本州以南の亜種より腹や脇が白っぽい

キツツキの古巣の入口を泥で固めて、自分の体のサイズに調整することもある

ゴジュウカラ（五十雀） ★

学 *Sitta europaea*　英 Eurasian Nuthatch

尾が短く体は丸みがある。木の幹に逆さに止まる

大きさ	L14cm
分布	留鳥として北海道から九州に分布
環境	低山から亜高山の落葉広葉樹林

見る　嘴は鋭く、足指が長い。頭部から体の上面は青灰色で、細くて白い眉斑と黒い過眼線がある。下面は白色。脇から下尾筒は橙色を帯び、オスでは羽色が濃い。

知る　山地の落葉広葉樹林に生息。木の幹や太い枝で採餌し、木の幹を逆さに向いて動き回れる。主に樹皮などに隠れた昆虫やクモを食べる。また果実や種子も食べ、樹皮の間などに貯える習性もある。樹洞やキツツキの古巣を利用して繁殖する。フィフィフィとさえずり、地鳴きはピョッピョッピョッなどと鳴く。

キバシリ（木走） ★★★

学 *Certhia familiaris*　英 Eurasian Treecreeper

成鳥

スマートな体形で、嘴は細長く下に曲がる

大きさ	L14cm
分布	留鳥として北海道から九州に分布
環境	主に山地から亜高山の針葉樹林

見る　嘴が細長く下に湾曲する。雌雄同色。頭部から尾の上面は灰白色の縦斑がある。白い眉斑と褐色の過眼線も明瞭。

知る　針葉樹林に多い。木の幹を下から螺旋状に移動し、樹皮などの間に隠れた昆虫やクモを食べる。木の幹では、長い足指と硬い尾羽で体を支える。樹洞などに巣を作って繁殖。ピィピィチーチリリなどとさえずる。

スズメ目キバシリ科

カキの実を食べる成鳥。冬はカラ類の混群に混じることもある。地鳴きはチーチーと鳴く

南西諸島に分布する亜種リュウキュウメジロ。胸と脇が灰白色なのが特徴で、北海道から九州に分布する亜種メジロとは羽色に差がある

つがいや幼鳥はねぐらで寄り添う

春先はウメの花によく集まる

メジロ（目白）

英 Japanese White-eye　学 *Zosterops japonicus*

体は黄緑色で目の周りが白い。花をよく訪れる

見る 雌雄同色。頭部から胸と、尾までの上面は暗黄緑色。腹は白色で脇は紫褐色。目の周りが白いのが特徴。

知る 平地から山地の林に生息し、常緑広葉樹林に多い。活発に動き回り昆虫などを食べる。また果実や花蜜も好み花粉媒介者の役割を持つが、小笠原や沖縄では花の基部に穴を空け盗蜜もする。繁殖期はなわばり性が強く、非繁殖期の群れにも順位がある。巣は椀形で、ハンモックのように枝の股などに吊り下げる。チーチュルチーチュイチュイなどと複雑にさえずる。

- 大きさ　L12cm
- 分布　留鳥または漂鳥として全国に分布
- 環境　平地から山地の林、市街地、公園

スズメ目メジロ科

メグロ（目黒） ★★★

学 *Apalopteron familiare* 　英 Bonin Honeyeater

大きさ	L14cm
分布	留鳥として小笠原諸島の母島列島に分布
環境	常緑広葉樹林や集落近くの林

EN（絶滅危惧ⅠB類）、特別天然記念物：ハハジマメグロ、EX（絶滅）：ムコジマメグロ

成鳥

目の周りが三角形に黒い。花や果実を好む

見る 雌雄同色。顔から下面は黄色く、目の周りに三角形の黒斑がある。頭上から上面は暗黄緑色。

知る 先がブラシ状の舌で花蜜や花粉を食べ、果実も好む。昆虫も食べ、雛にヤモリを与えた例もある。日の出前の短時間にチュイチュイピーなどとさえずる。近年、遺伝子的な研究からメジロ科との類縁性が示唆された。国の特別天然記念物。

スズメ目メジロ科

成鳥オス。聞きなしは「一筆啓上仕り候」「源平ツツジ白ツツジ」などが有名

成鳥オス。地鳴きはチチッチチッと鳴き、藪の中からよく声が聞こえてくる

成鳥メス。メスはオスに比べて淡色で、過眼線や顎線も褐色。繁殖は一夫一妻。巣作りと抱卵はメスがおこなうが、子育ては雌雄が共同でおこなう

ホオジロ（頬白） ★

学 *Emberiza cioides* 　英 Meadow Bunting

オスの白い頬が名前の由来。メスの頬は淡褐色

見る オスは頭上が茶褐色で、頭側線、過眼線、顎線が黒く、眉斑と頬、喉が白色。上面は茶褐色で黒褐色の縦斑がある。胸や脇は茶褐色で腹は白い。メスはオスより淡色。

知る 林縁の藪や周りの草地に多い。オスは木の枝や電線に止まり、チョッピチュ・ピーチュウ・チュチュリッなどとさえずる。主に地上で昆虫や植物の種子を食べ、地上や藪に枯れ草で皿形の巣を作り繁殖。定住性が強く冬もペアで過ごすが、そこに越冬に移動してきた個体が加わり、つながりのゆるい小群を作る。

大きさ	L17cm
分布	留鳥または漂鳥として北海道から九州（薩南諸島まで）に分布
環境	平地から山地の草地、農耕地、疎林、河原

スズメ目ホオジロ科

219

ホオアカ
（頬赤）　★★

学 *Emberiza fucata*
英 Chestnut-eared Bunting

- 大きさ　L16cm
- 分布　留鳥として北海道から九州に分布
- 環境　平地から亜高山の草原、冬は河原や干拓地の草地、農耕地

成鳥オス夏羽。丈の高い草や低木でさえずる

成鳥冬羽。冬は河川敷の草むらや周辺の農耕地などで見られることが多い

赤褐色の頬が名前の由来。胸の2本の帯も目立つ

見る　オスの夏羽は、頭部が灰色で黒褐色の縦斑があり、頬が茶色。上面は茶褐色に黒褐色縦斑がある。胸にはT字形の黒帯と茶色の横帯がある。喉は白く、頭部や胸の色みが淡い。メスはオスに比べ頭部や胸の色みが淡い。

知る　繁殖期は高原や湿原に生息するが、近畿地方以西は少ない。チョッ・チッ・チュルチュチッ・チョッ・チュ・チュリッなどとさえずる。昆虫などの他、秋冬は主に草の種子を食べる。

コホオアカ
（小頬赤）　★★★

学 *Emberiza pusilla*
英 Little Bunting

- 大きさ　L13cm
- 分布　各地で稀な旅鳥または冬鳥として渡来する
- 環境　平地の農耕地、草地、林縁

成鳥夏羽。顔が赤褐色で、淡色のアイリングもよく目立つ

成鳥冬羽。頭側線は淡くなるが、ホオアカ冬羽との区別点になる。淡色の眉斑も目立つ

ホオアカより小さく、頭側線と頭央線が明瞭

見る　日本産ホオジロ類中で最小。雌雄同色。夏羽では頭央線、眉斑、顔が赤栗色。目の後ろから頬を囲む線、顎線が黒褐色。上面は灰褐色で黒褐色の縦斑があり、下面は淡黄白色で胸や脇に縦斑がある。冬羽では顔が淡色になる。

知る　南西諸島や日本海側の島々では定期的に渡来するが、その他では稀。河川敷の草地や藪に生息し、地上で草の種子や昆虫などを食べる。地鳴きはチッチッなど鳴く。

スズメ目ホオジロ科

成鳥オス夏羽。上面は赤褐色で背には縦斑、腰に鱗状の模様がある

カシラダカ
(頭高) ★

学 *Emberiza rustica*
英 Rustic Bunting

- 大きさ L15cm
- 分布 冬鳥として本州以南に渡来する
- 環境 平地から山地の林、林縁、農耕地、アシ原

成鳥オス冬羽。眉斑や外頬線、喉は淡黄白色。メスの冬羽はより淡色になる

頭上の冠羽が目印。春の夏羽は頬全体が黒い

見る 短い冠羽がある。オスの夏羽は頭上と頬が黒色、眉斑と喉が白い。下面は白くて胸に赤褐色と黒色の縦斑がある。オスの冬羽とメスの夏羽は頭上や頬が褐色。

知る ホオジロが乾いた場所を好み小群で分散するのに対し、本種は湿った草地を好み、広くて平坦な水田や河原では大きな群れを作る傾向がある。地上で草の種子などを食べる。地鳴きはチッチッと1音ずつで鳴く。

成鳥オス。大・中雨覆の先端が淡色で、2本の翼帯になる

ミヤマホオジロ
(深山頬白) ★★

学 *Emberiza elegans*
英 Yellow-throated Bunting

- 大きさ L16cm
- 分布 冬鳥として全国に渡来し、西日本に多い
- 環境 平地から山地の林、農耕地、草地

成鳥メス。羽色は地味だが冠羽は目立つ。地鳴きはチッチッ、チュリッと鳴く

冠羽がありカシラダカに似るが、顔が黄色い

見る 雌雄ともに冠羽が目立つ。オスは頭上が灰褐色で、黒色の太い過眼線があり、眉斑と喉は黄色。胸は三角形に黒い。メスは顔の黄色みや過眼線が淡く、胸も黒くない。

知る 渡来数は西日本に多い。明るい林や林縁に生息し、地上で草の種子などを食べる。ススキの穂に止まり種子を食べることもある。対馬と西中国山地で少数が繁殖。藪の中に枯れ葉で皿形の巣を作る。繁殖期は昆虫も食べる。

スズメ目ホオジロ科

シマアオジ
（島青鵐）　★★★

学 *Emberiza aureola*
英 Yellow-breasted Bunting

大きさ	L15cm
分布	夏鳥として北海道に渡来し、本州以南では稀な旅鳥
環境	平地の湿原、草地、牧草地

CR（絶滅危惧ⅠA類）

成鳥オス夏羽。1990年代から北海道各地で急激に数を減らしている

成鳥メス。過去に青森県で繁殖例があり、渡り時期は日本海側の島々で観察されることが多い

オスは茶褐色の上面と黄色い下面で特徴的

見る オスの夏羽は頭上から体上面が茶褐色、顔が黒色。大・中雨覆の先が白い。喉から下面は黄色く、胸に茶褐色の横帯がある。メスはオスより淡色で頭央線や眉斑がある。

知る クサヨシや丈の低い植物が多い湿性草原に生息。夏は主に昆虫を食べる。ほとんど地上だけで採餌する。ヒョヒョヒョヒョヒィーなどとさえずる。草の根元などに、枯れ草や木の枝で皿形の巣を作り繁殖する。

ノジコ
（野路子）　★★★

学 *Emberiza sulphurata*
英 Japanese Yellow Bunting

大きさ	L14cm
分布	夏鳥として主に本州中部・北部に渡来
環境	低山から山地の落葉広葉樹林

NT（準絶滅危惧）

成鳥オス。フィチッチ・ピピ・チィチィョピョなどとさえずる

成鳥メス。オスに比べ上面に緑がなく、目先は淡色。地鳴きはチッチッと鳴く

アオジに似るが黄緑色が濃く目の周りが白い

見る オスの夏羽は頭部から体の上面が灰色みのある黄緑色。目の周囲が白く、目先が黒い。翼は黒褐色で、雨覆に2本の翼帯がある。喉から下面は黄色く、褐色縦斑がある。

知る 日本だけで繁殖する固有種で、生息は局地的。湖畔や湿地周辺の低木林に多い。繁殖期は昆虫を食べる。低木の枝上や地上に枯れ草などで皿形の巣を作り繁殖する。渡りの時期は平地にも現れ、西南日本では少数が越冬する。

スズメ目ホオジロ科

成鳥オス。頭部は緑色みがあるが、第一回冬羽個体は頭部の灰色みが強い

成鳥メス。藪の多い場所を好む。地鳴きはヂッヂッと少し濁った声に聞こえる

亜種シベリアアオジ成鳥オス。頭部や胸が黒灰色で、下面の黄色みもない。渡りの時期に日本海側の島々や九州以西で見られる

アオジ（青鵐）

学 *Emberiza spodocephala* 英 Black-faced Bunting

大きさ	L16㎝
分布	留鳥または漂鳥として本州中部以北で繁殖、冬は暖地へ移動、北海道では夏鳥
環境	平地から山地の林、林縁の藪、市街地

アオジの青は緑色のこと。オスの頭部の色にちなむ

見る オスは頭部が緑灰色で目先が黒い。体の上面は淡茶褐色で黒褐色の縦斑がある。下面は黄色く、胸に灰黒色の縦斑がある。メスは頭部に黒みがなく淡黄色の眉斑がある。

知る 藪のある明るい林、林縁に多い。繁殖期のオスは目立つ場所でチョッピーチョチチピクィリリなどとさえずるが、強いなわばりは持たずメスと行動して他のオスを排除する。昆虫や草の種子を食べる。藪の枝上や地上に巣を作って繁殖。冬は低山や平地の林縁、河川敷の藪に多く、雌雄ペアや小群で過ごす。

シベリアジュリン（シベリア寿林）

★★★

学 *Emberiza pallasi* 英 Pallas's Reed Bunting

大きさ	L14㎝
分布	稀な冬鳥または旅鳥として主に日本海側や九州に渡来
環境	アシ原、草地

成鳥冬羽

全体に淡色で体の上面には赤みがない

見る 冬羽は全体に淡褐色で、上面には黒褐色の縦斑がある。夏羽のオスは頭部や喉が黒くなる。オオジュリンによく似るが、体上面に赤褐色み、体下面に縦斑がない。嘴は上嘴が黒く下嘴は肉色。

知る 比較的、開けたアシ原や草地を好む。地上で草の種子を食べ、オオジュリンと違い植物上で採餌はしない。地鳴きはチュィン、チーと鳴く。

クロジ
（黒鵐） ★★ 🌲

- **学** *Emberiza variabilis*
- **英** Grey Bunting

- **大きさ** L17cm
- **分布** 主に留鳥または漂鳥として本州中部以北で繁殖、冬は暖地へ移動
- **環境** 山地の林、冬は平地から低山の林

成鳥オス。フィーチュィチィピュィなどとさえずる

成鳥メス。冬は都心の緑地でも見られる。地鳴きはチッチッチッなどと鳴く

オスは全体に灰黒色。藪からほとんど出ない

見る オスの夏羽では全身が青みのある灰黒色で、上面には暗色の縦斑、次列・三列風切の羽縁には褐色みがある。メスは全体に褐色。淡色の眉斑や、体には縦斑がある。

知る 林床にササが茂る針広混交林や落葉広葉樹林に生息し、繁殖期は林内から出ることがない。前年と同じ場所で繁殖する傾向がある。冬は低山や平地に移動するが、藪への依存度は高い。昆虫や草の種子などを食べる。

コジュリン
（小寿林） ★★ 🌾🌿

- **学** *Emberiza yessoensis*
- **英** Japanese Reed Bunting

- **大きさ** L15cm
- **分布** 夏鳥として本州中・北部、熊本県に渡来、本州中部以南で冬鳥
- **環境** 草原や湿原、河川敷のアシ原、休耕田
- **VU**（絶滅危惧Ⅱ類）

成鳥オス夏羽。チョッ・ピチュピーチュ・ピチュなどとさえずる

成鳥メス夏羽。雌雄ともに冬羽はメス夏羽に似て、淡色。地鳴きはチッチッと鳴く

オスは頭部全体が黒色。下面は白く腰は赤褐色

見る オスの夏羽では頭部全体が黒い。上面は赤褐色で黒褐色縦斑がある。下面はくすんだ白色。メス夏羽は頭上や頬、顎線が黒褐色で、眉斑が目立つ。嘴は黒く基部が肉色。

知る 分布域が極東の一部に限られた希少種。日本では平地から山地の草地に生息するが局地的。草の根元などに枯れ草や根で椀形の巣を作り繁殖。昆虫や草の種子を食べる。消滅した繁殖地もあり、近年は生息数が減少している。

スズメ目ホオジロ科

成鳥オス夏羽。メスの前でうずくまり羽毛を逆立て、翼や尾羽を半開きにして引きずる求愛ディスプレイも見せる

成鳥オス夏羽

エゾカンゾウの花に止まる夏羽のメス

冬羽。メスの夏羽に似るが淡色で、下面に縦斑がある。冬もアシ原への依存度が高い。地鳴きはチュィ、チュィーンなどと鳴く

オオジュリン（大寿林） ★★

学 *Emberiza schoeniclus*　**英** Reed Bunting

夏羽オスは黒い頭に白い外頬線がよく目立つ

見る オスの夏羽では頭部全体が黒く、外頬線と後頸から下面にかけては白色。上面は茶褐色で黒褐色の縦斑がある。メス夏羽は頭上と頬が褐色で、黒褐色の頬線がある。上面はオスより淡色で、脇に褐色縦斑がある。

知る アシが密生する湿原に生息。オスは繁殖期にゆっくりしたテンポで、チィチュィチュィチィなどとさえずる。アシ原の中を上下に移動し昆虫を捕らえ、冬はアシの葉鞘（ようしょう）をむき、中の昆虫を食べる。立ち枯れたアシの根元に巣を作る。冬は暖地へ移動する。

- **大きさ** L16cm
- **分布** 留鳥または漂鳥として北海道と東北地方の一部で繁殖、冬は暖地に移動
- **環境** 平地の湿原、草地、アシ原

スズメ目ホオジロ科

225

飛翔する群れ。名前は、「猟で獲物を追う勢子(せこ)のように集まり飛び回る鳥」の意味で、日本書紀などにも登場する

成鳥メス冬羽。メスは頭部が灰褐色で、頭上から後頭に2本の黒線がある。冬羽は夏羽に比べて淡色になる

成鳥オス冬羽。メスに似るが頭部に黒みがある

成鳥オス夏羽

アトリ（獦子鳥、蠟嘴鳥、花鶏） ★★

英 Brambling　学 *Fringilla montifringilla*

大きさ L16cm
分布 冬鳥として全国に渡来する
環境 平地から山地の林、農耕地、草地

大きな群れを作る。胸が赤褐色で春は頭が黒い

見る オスの夏羽では、頭部から背、翼が黒色。喉や胸、脇、小雨覆は橙色。大雨覆の先も淡橙色。下面は白い。冬羽では頭部が黒みの強い灰褐色で、黒褐色の頭側線がある。

知る 秋は山地にいて、冬から春は山麓の林や開けた農耕地にも現れる。年によって大群が渡来し、数十万羽にもなることがある。ねぐら入り前は密集した群れが生き物のように形を変えながら乱舞し、見応えがある。冬は主に果実や草の種子を食べる。オスの頭部は冬羽の羽毛が擦り切れて、黒い夏羽に変わる。

スズメ目アトリ科

226

成鳥オス。嘴は種子を食べるのに適応して基部が太い形をしている。尾は凹尾

成鳥メス。オスに比べ全体に淡色

亜種オオカワラヒワ。冬鳥として渡来する

亜種オガサワラカワラヒワは小笠原諸島に分布。体は小さいが嘴が大きく、黄色みが強い。オオカワラヒワは、体が一回り大きい

カワラヒワ（河原鶸）

学 *Chloris sinica* **英** Oriental Greenfinch

褐色の体で飛ぶと翼帯が出る。ジュィーンと鳴く

見る オスは体がオリーブ褐色で、顔や下面は緑みが強い。翼は黒く、翼角と次列・初列風切の基部が黄色く、飛翔中は翼帯になって目立つ。

知る 平地から低山の幅広い環境に生息。繁殖期のオスは、ジュィーン、キリリコロロジュィーンなどとさえずってなわばり宣言し、メスにチョチョチョチチチ…などと鳴き求愛する。樹上に椀形の巣を作り繁殖。巣作りと抱卵はメスが、餌やりは雌雄がおこなう。草の種子が主食で、雛にも種子を親が吐き戻して与える。冬は小群で過ごす。

- **大きさ** L14〜17cm
- **分布** 留鳥または漂鳥として本州から九州に分布、北海道では夏鳥
- **環境** 平地から山地の林、人家周辺、農耕地、河原

EN（絶滅危惧ⅠB類）：オガサワラカワラヒワ

スズメ目アトリ科

マヒワ
（真鶸） ★★

| 学 | *Carduelis spinus* |
| 英 | Eurasian Siskin |

- 大きさ　L13cm
- 分布　冬鳥として全国に渡来。北海道と本州中部で少数繁殖
- 環境　平地から山地の林、草地、河原

成鳥オス。ツッピン・チュウクチュウクジュウーイとさえずる

水場を訪れた成鳥メス。地鳴きはチュィン、ジュクジュクなどと鳴く

カワラヒワより一回り小さく、体は黄色っぽい

見る　オスは頭上と喉が黒く、顔から胸、脇、腰は黄色、頬と背や肩羽は黄緑色。翼には黄色い翼帯がある。メスは頭上が緑灰色、下面は黄白色。

知る　群れで渡来する。ハンノキやスギなどの樹木や草の種子を食べ、農耕地に落ちた穀物なども食べる。繁殖期の北海道では針広混交林からハイマツ林までの標高の高い林に生息。青森県でも繁殖記録があり、愛媛県、石川県、富士山麓などで夏の記録がある。

ベニヒワ
（紅鶸） ★★

| 学 | *Carduelis flammea* |
| 英 | Common Redpoll |

- 大きさ　L14cm
- 分布　冬鳥として主に北日本に渡来。記録は沖縄まである
- 環境　平地から山地の林、草地

成鳥オス。腰に赤みをもつものもいる。翼には翼帯がある

成鳥メス。オスに比べて額の赤色部も小さい。地鳴きはジュジュ、チュィンなどと鳴く

額がくっきり赤色で、オスは胸も紅く染まる

見る　オスは額が赤く、頭上から体の上面は灰白色で、褐色の縦斑がある。頬から胸、腹は紅色を帯び、脇には黒褐色の縦斑がある。メスは褐色みが強く、胸に赤みはない。

知る　群れで渡来し北海道や東北北部で比較的多く、日本海側でもよく観察されるが、渡来数には大きな変動がある。ハンノキなどの樹木や草の種子を食べる。額だけが赤く体がより白いコベニヒワが群れに混じることもある。

スズメ目アトリ科

ハギマシコ（萩猿子） ★★

- 学 *Leucosticte arctoa*
- 英 Rosy Finch

- 大きさ L16cm
- 分布 冬鳥として全国に渡来、北海道の一部では夏も見られる
- 環境 海岸や山地の岩場、農耕地、草地

成鳥オス。地鳴きはジュッジュッ、ピーと鳴く

成鳥メス。オスより灰褐色みが強く、腹部の赤みも少ない。オスの若鳥はメスによく似る

大きな群れで岩場にいる。胸から腹はバラ色

見る オスは前頭から顔、喉が黒く、後頭から後頸は黄褐色。背は暗黄褐色に黒褐色の斑がある。下面はバラ色や黒褐色、白色の斑模様になる。

知る 崖や岩場のある環境に多く生息し、開けた草原や牧草地では大きな群れが見られる。本州中部以北に多く、西日本では山地に少数が渡来する。北海道の大雪山、日高山地、利尻島では夏も生息し、大雪山では繁殖の可能性も高い。地上で草の種子を食べる。

アカマシコ（赤猿子） ★★★

- 学 *Carpodacus erythrinus*
- 英 Common Rosefinch

- 大きさ L14cm
- 分布 数少ない旅鳥として主に北海道から本州に渡来、日本海側の島々に多い
- 環境 平地から山地の林、林縁、農耕地

成鳥オス。この仲間の名前の猿子は赤い羽色をサルの顔に例えたもの

成鳥メス。ハルニレの果実を夢中でついばむ。地鳴きはフィーッと鳴く

オスは頭部が赤く、猿子の名前に相応しい

見る 大きさはスズメと同大。オスは頭部から胸にかけてが赤い。体の上面は赤みのあるオリーブ褐色で、腰も赤い。下面は汚白色。メスは赤みがなく、頭部から胸や体の上面が灰褐色。胸に縦斑がある。

知る 渡来数は少ないが、日本海側の島々や対馬では観察例が多い。伊豆諸島や沖縄の記録もある。広葉樹林で樹木の果実・種子を食べたり、林縁で草の種子を食べる。サクラの花をついばむこともある。

スズメ目アトリ科

オオマシコ
（大猿子）★★★

- 学 *Carpodacus roseus*
- 英 Pallas's Rosefinch

大きさ	L17㎝
分布	冬鳥として主に本州中部以北に渡来、西日本では少ない
環境	平地から山地の林、林縁、農耕地

成鳥オス。地鳴きはフィッ、チィーなどと鳴く

成鳥メス。オスの若鳥はよく似るが、頭部などに赤みが強く、翼帯や三列風切外縁もより白い

桃紅色の体と顔の銀白色の羽毛がとても印象的

見る オスは頭部や背、喉から腹が桃紅色で、額と喉に銀白色の羽毛がある。翼と尾は黒褐色で、三列風切の外縁は白色。大・中雨覆の先も白くて翼帯になる。メスは茶褐色みが強く、縦斑も目立つ。

知る 山地の明るい林に群れで渡来し、林縁の藪でよく見られる。草木の種子や果実を食べ、特にズミやハギ類にはよく集まる。また地上で採餌することも多い。局地的だが毎年渡来する場所も知られる。

ギンザンマシコ
（銀山猿子）★★★

- 学 *Pinicola enucleator*
- 英 Pine Grosbeak

大きさ	L22㎝
分布	主に冬鳥として北海道に渡来。大雪山では少数が繁殖する
環境	平地から山地の針葉樹林、人家周辺、ハイマツ帯

成鳥オス。冬は平地でも見られ、時には市街地へも飛来する

成鳥メス。頭部から背や胸などが黄褐色で、灰色みが強い。地鳴きはピュルピュルなどと鳴く

体が大きく、太く鋭い嘴。オスは赤くメスは黄色

見る オスは頭部から背や腰、胸から腹は桃赤色。脇や下腹から下尾筒は銀灰色。翼は黒褐色で淡色の羽縁がある。

知る 繁殖期は高山帯のハイマツ群落周辺に生息。大雪山の他、日高山地や利尻島、知床で見られる。オスはハイマツの上で、ピュィピュルピュルピュロなどとさえずる。冬は小群で活動する。ハイマツやハンノキ類の種子、ナナカマドやコケモモの果実など、植物質のものを主に食べる。

スズメ目アトリ科

成鳥オス。嘴はふ化後1～2週間から交差し始める。物事が食い違うことを「交喙の嘴（いすかのはし）」という

成鳥オス。よく松毬にぶら下がる

成鳥メス。非繁殖期は群れで行動する

近似種で数少ない冬鳥のナキイスカ（*L. leucoptera*）。イスカより少し小さく、嘴も小さめ。翼に白い翼帯と斑紋がある。イスカの群れに混ざることが多い

イスカ（交喙）

★★★

学 *Loxia curvirostra*　英 **Common Crossbill**

食い違った嘴を持つ。群れでマツの木に集まる

見る 上嘴と下嘴が先端で交差する特徴的な嘴を持つ。オスは頭部から体が暗い朱赤色で、翼と尾は黒褐色。メスは全体に灰色みのある黄褐色。

知る 針葉樹林に生息。樹木の種子や新芽などを食べ、特にマツ類の種子を好む。嘴で松毬の鱗片をこじ開け、先端に固い突起のある舌で種子をすくい取って、種子だけ食べて器用に種子の羽根は捨てる。また枝先を渡り歩くのに嘴を使うこともある。種子が主食なため、秋の実りが良いと冬でも繁殖する。キュィキュィキュィピィなどと鳴く。

- **大きさ** L17cm
- **分布** 冬鳥として北海道から九州に渡来。北海道や本州中・北部の一部では夏も生息し繁殖
- **環境** 平地から山地の針葉樹林

スズメ目アトリ科

231

成鳥オス夏羽。本州以南では冬羽の姿しか見る機会がないが、色鮮やかな紅色の夏羽は印象がまるで違う

成鳥メス夏羽。全体に淡黄褐色で、黒褐色の縦斑が目立つ。冬羽では淡色になる

成鳥オス冬羽。フィッポ、フィフィと鳴く

翼の白い2本の翼帯も目立つ

ベニマシコ（紅猿子）

英 Long-tailed Rosefinch　　学 *Uragus sibiricus*

本州では最も身近に見られる冬の赤い鳥

見る 嘴が小さく、尾が長い。オスの夏羽は全体に紅色で、前頭や頬、喉に白い羽毛がある。翼には2本の白い翼帯がある。オスの冬羽は赤色が薄れ、頭部や背は褐色を帯びる。

知る 繁殖期は主に低木が混じる草地や湿原に生息。オスは丈の高い草や低木の枝で、早口でチュルチィチョッチィなどとさえずる。藪の中に椀形の巣を作り繁殖する。冬は低山の林縁の藪、河川敷の草地に生息。草の種子を好んで食べ、セイタカアワダチソウなどで採餌する姿を見かける。繁殖期は昆虫も食べる。

- **大きさ** L15cm
- **分布** 夏鳥として北海道と下北半島で繁殖、冬は多くが本州以南に移動する
- **環境** 平地から低山の林縁、草地、湿原、アシ原

スズメ目アトリ科

232

成鳥オス。地鳴きは口笛のようなフィーフィーという声。さえずりは複雑

サクラの花芽を食べる成鳥オス。器用に鱗片をむき、中身だけを食べる

成鳥メス。サクラやウメの花芽を食べに市街地の公園や並木にも飛来する

亜種アカウソ。冬鳥として渡来しオスは胸から腹まで紅色を帯びる。稀な冬鳥の亜種ベニバラウソは下面の紅色が濃く、翼と尾に白斑がある

ウソ（鷽）

学 *Pyrrhula pyrrhula*　**英** Bullfinch

黒い頭と赤い喉を持ち、春には桜並木にも現れる

見る オスは頭上が黒色で、頬から喉は紅色。体は灰色で腰が白く、翼と尾は黒色。メスは体が灰褐色を帯びる。

知る 繁殖期は、本州では亜高山帯の針葉樹林に生息し、北海道では平地のエゾマツ林にも生息する。樹上に椀形の巣を作り繁殖。繁殖期は昆虫も食べるが、主に草木の種子や果実、新芽を食べ、特にサクラの花芽を好む。ウソは古語の口笛の意味で、鳴き声に由来。各地の天満宮でおこなわれる鷽替えは、鷽が嘘に通じるため前年の厄払いに木彫りのウソを交換する神事。

大きさ	L16cm
分布	留鳥または漂鳥として本州中部以北で繁殖、冬は平地や低山に移動
環境	平地から亜高山の針葉樹林、市街地の公園や並木

スズメ目アトリ科

233

イカル
（桑鳴、鵤、斑鳩）★

- 学 *Eophona personata*
- 英 Japanese Grosbeak
- 大きさ　L23cm
- 分布　留鳥または漂鳥として北海道から九州に分布、北のものは冬は暖地へ移動
- 環境　平地から山地の落葉広葉樹林

成鳥。冬は平地の社寺林や公園の林などにも現れる

昔は採餌の様子から「豆回し」と呼んだり、鳴き声を月日星と聞きなし「三光鳥」とも呼んだ

仮面をかぶったように顔が黒く、嘴は太く黄色い

見る　雌雄同色。顔は紺色を帯びた黒色で、嘴は黄色。体は上下面とも灰色。翼と尾は黒く、初列風切に白斑がある。

知る　繁殖期に、キーキョコキーなどとさえずる。つがいは巣の周りにだけなわばりを持ち、数つがいが集まって繁殖、行動圏も重複する。昆虫も食べるが、主に草木の種子・果実を食べる。嘴で器用に果皮をはがして種子を食べたり、シイ・カシ類の堅果も丈夫な嘴で割って食べる。

コイカル
（小桑鳴、小鵤、小斑鳩）★★

- 学 *Eophona migratoria*
- 英 Yellow-bellied Grosbeak
- 大きさ　L19cm
- 分布　旅鳥または冬鳥として主に西日本に渡来する
- 環境　平地から山地の林、公園

成鳥オス。春の渡去前にキィーキョキーコとさえずることもある

成鳥メス。頭部に黒色部がなく、全体にオスより淡色。地鳴きはギョッ、キョッなどと鳴く

顔がすっぽりと黒い。飛ぶと翼の後縁が白い

見る　イカルに似るが小さく、頭部は目の後方まで黒い。背や肩羽は灰褐色、脇は橙褐色。初列雨覆と風切の先端は白い。メスは頭部が暗灰褐色。嘴は橙黄色で先端が黒い。

知る　落葉広葉樹林に生息し市街地の公園にも現れる。島根県と熊本県で繁殖記録もある。小群でいるか、イカルの群れに1〜2羽混じる。草木の種子、果実、新芽を食べる他、昆虫も食べ、イラガの繭を割って中の幼虫を食べる。

スズメ目アトリ科

234

成鳥オス夏羽。人家周辺でもよく見られ、餌台にも現れる。冬に、チチッ、チッ、ツィという鳴き声をよく聞く

成鳥オス冬羽。嘴は肉色

成鳥メス夏羽。羽色はやや淡く、目先も褐色

水を飲む成鳥メス冬羽。水を口に入れ、頭を上げて流し込む

シメ（鴲、䳭、此女）

学 *Coccothraustes coccothraustes* **英** Hawfinch

頭が大きく尾が短い。飛ぶと白い翼帯が目立つ

見る ずんぐりした体形。オスの夏羽は頭部が淡茶褐色で目先と喉が黒く嘴は鉛色。後頭は灰色で、背は濃褐色。翼は黒く、大雨覆と初列風切の基部が白くて、飛ぶと目立つ。下面は淡褐色。冬羽は嘴が肉色。メスは全体に淡色。

知る 平地の落葉広葉樹林や雑木林に生息し、北海道ではカラマツ林にも多い。住宅地や農耕地にもいて、冬は都市公園でも見かける。イカル同様、草木の種子を好み、カエデ、ケヤキ、ムクノキ、カバノキ、カラスザンショウなどに集まる。地上でも採餌する。

- **大きさ** L19cm
- **分布** 本州中部以北で繁殖し、また冬鳥として全国に渡来する
- **環境** 平地から山地の落葉広葉樹林、公園、まばらな林

スズメ目アトリ科

非繁殖期は群れで過ごし、ねぐらや餌場の農耕地では大群になる。若鳥の一部は生まれた地域を離れて分散していく

別種のイエスズメ（*P. domesticus*）は世界各地に分布し、英名が示すとおり海外では人家周辺に生息する。日本では利尻島や日本海側の島々で観察記録がある

水浴び。本種は水浴びも砂浴びもおこなう

成鳥。昔から親しまれてきた野鳥

スズメ（雀）

英 Tree Sparrow　学 *Passer montanus*

人との結びつきが強く、生態観察がしやすい鳥

- 大きさ　L14cm
- 分布　留鳥として全国（小笠原諸島をのぞく）に分布
- 環境　人家周辺、農耕地、公園、河原

見る　雌雄同色。頭部は紫褐色で目先と喉が黒く、白い頬に黒斑がある。上面は茶褐色で黒い縦線と白い翼帯がある。

知る　雑食で草の種子や果実、昆虫、パンくず、稲などの穀物を食べる。蜜を狙いサクラの花をついばんだりもする。人家の屋根瓦や軒の隙間、パイプの穴、樹洞などに巣を作り繁殖。ツバメの巣を奪うこともある。近年は家屋の近代化で営巣場所が減り、餌場の田畑なども減って、生息数は50年前の約10分の1に減少。都市部では少子化しているという調査結果もある。

スズメ目スズメ科

成鳥オス冬羽。夏羽より淡色になる。冬は群れで開けた農耕地などに生息する

成鳥オス夏羽。チュンチュン、チィーッなどの鳴き声を出す

成鳥メス。スズメと異なり、雌雄の羽色差がはっきりしている。生態はスズメによく似ている

ニュウナイスズメ（入内雀）★★

学 *Passer rutilans*　**英** Russet Sparrow

スズメに似るが頬に黒斑がなく、オスは赤栗色

- **大きさ** L14cm
- **分布** 夏鳥または漂鳥として本州中部以北で繁殖、冬は暖地へ移動
- **環境** 平地から山地の林、農耕地、草地

見る オスの夏羽は頭上から上面が赤栗色で、頬に黒斑はない。翼は黒褐色で2本の白い翼帯がある。冬羽は目の後ろに淡色線がある。メスは上面が灰褐色で眉斑が目立つ。

知る 本州では山地の落葉広葉樹林に生息。北海道では平地の農耕地周辺にいて、スズメとすみ分けていないこともある。繁殖には樹洞やキツツキの古巣の他、巣箱や電柱の穴を利用し、スズメがいない場所では人家にも巣を作る。主に草木の種子・果実、昆虫を食べ、蜜を求めサクラの花をついばむこともある。

コウライウグイス（高麗鶯）★★★

学 *Oriolus chinensis*　**英** Black-naped Oriole

- **大きさ** L26cm
- **分布** 数少ない旅鳥として主に日本海側の島々に旅鳥として渡来
- **環境** 平地から山地の茂った林

成鳥オス

黄色い体に黒い過眼線と翼で識別は容易

見る ほぼ全身が鮮やかな黄色で、後頭でつながる黒い過眼線がある。風切や尾は黒く、尾は羽先が黄色い。

知る 北海道から沖縄まで記録はあるが稀。埼玉県の瀬戸が瀬では数年間続けて渡来し、繁殖例もある。渡来地では林縁で枝から地上に舞い降りて、昆虫を捕らえている。浅い波状飛行をする。ニャオ、ギャーなどと鳴く。

カラムクドリ（唐椋鳥）

★★★
英 White-shouldered Starling　学 *Sturnia sinensis*

- 大きさ：L20cm
- 分布：数少ない旅鳥または冬鳥として主に九州南部以南に渡来
- 環境：農耕地、人家周辺

成鳥オス

ムクドリより小さく白い雨覆が目立つ

見る オスは頭部から背、胸は灰褐色、下面は灰白色。翼は雨覆と翼角が白くて他は黒く、飛ぶと目立つ。メスは褐色みが強く、翼の白色部も小さい。

知る 南西諸島、特に石垣島では比較的多く見られる。本州や四国でも記録はあるが、ごく稀。ムクドリの群れに混じることもある。樹上で果実や昆虫を食べることが多い。キュルキュルと鳴く。

ギンムクドリ（銀椋鳥）

★★★
英 Red-billed Starling　学 *Spodiopsar sericeus*

- 大きさ：L24cm
- 分布：数少ない旅鳥または冬鳥として日本海側の島々、八重山諸島などに渡来
- 環境：農耕地、草地、牧場、人家周辺

成鳥オス

ムクドリ大で背中の羽色が銀色に見える

見る オスは頭部が淡橙黄色、喉から上胸は白色。背や肩羽、体の下面は紫灰色。翼や尾は緑や紫光沢のある黒色で、初列風切の基部が白い。メスは全体に褐色を帯びる。

知る 与那国島や石垣島では多く、大きな群れも現れる。近年、東京や大阪で観察され、北海道でも記録がある。主に地上で採餌し、ムクドリと一緒に行動することもある。

ホシムクドリ（星椋鳥）

★★★
英 Common Starling　学 *Sturnus vulgaris*

- 大きさ：L22cm
- 分布：数少ない冬鳥として西南日本へ渡来する
- 環境：農耕地、まばらな林、人家周辺

成鳥冬羽

黒い体にたくさんの星が降り、個性的

見る 雌雄ほぼ同色。冬羽は緑や紫光沢のある黒色で、全体に白色や褐色の斑点があり、これを星に見立てたのが名前の由来。夏羽では白色斑が消える。メスはやや淡色。

知る 全国で記録があるが西南日本に多く、島根県と鹿児島県では少数が毎年越冬する。地上で採餌し、ムクドリの群れに混じることもある。世界的に分布拡大中の鳥。

スズメ目ムクドリ科

ムクドリ
(椋鳥) ★

学 *Spodiopsar cineraceus*
英 White-cheeked Starling

- 大きさ　L24cm
- 分布　留鳥または漂鳥として北海道から九州に分布。沖縄では冬鳥
- 環境　人家周辺、農耕地、公園、草地

オス（左）とメス。キュルキュル、ギュルギュルなどと鳴く

全体に淡褐色の幼鳥。本種では種内托卵が多く、ある調査では180巣のうち2割に達した

名前は椋(むく)の木に集まる鳥の意。人家周辺に多い

見る　オスは頭部が黒く、顔に白い羽毛がある。体や翼、尾は黒褐色、腰と尾先は白い。メスは淡色。飛翔形は三角形。

知る　樹洞や人家の屋根の隙間、巣箱に巣を作る。主に一夫一妻で繁殖し、オスは上を向き羽毛を膨らませ白い腰をメスに見せる、つがい確認行動をおこなう。主に草木の果実や昆虫を食べる。秋冬は群れで行動し、ねぐらでは大群になる。近年は街路樹やビルでねぐらをとることも多い。

コムクドリ
(小椋鳥) ★★

学 *Agropsar philippensis*
英 Chestnut-cheeked Starling

- 大きさ　L19cm
- 分布　夏鳥として本州中部以北に渡来する
- 環境　平地から山地の落葉広葉樹林や周辺の集落

成鳥オス。キュルキュルピーキュキュなどと早口で複雑にさえずる

成鳥メス。頭部や背、胸は灰褐色。温暖化の影響か、近年は繁殖開始時期が早まっている

夏鳥で主に樹上で活動する白っぽいムクドリ

見る　オスは頭部が淡いクリーム色で頬が茶色。背や翼は黒色で、紫色や緑色光沢がある。胸から腹は灰色で、腰や下腹、下尾筒はクリーム色。

知る　樹洞やキツツキの古巣、人家の屋根の隙間などに巣を作り繁殖。オスの茶色が襟巻き状の個体は一夫一妻、頬斑状になる個体は一夫二妻で繁殖する傾向があるらしい。主に樹上で果実や昆虫、クモなどを食べる。渡りの時期には各地で見られる。

スズメ目ムクドリ科

カケス
（樫鳥、懸巣） ★

|学| *Garrulus glandarius* |
|英| Eurasian Jay |

- 大きさ　L33cm
- 分布　留鳥または漂鳥として北海道から九州（屋久島まで）に分布
- 環境　平地から山地の林、特に落葉広葉樹林

成鳥。ドングリを好むことから昔は「樫鳥（かしどり）」とも呼ばれた

北海道に分布する亜種ミヤマカケス。頭部が橙褐色で、背や体下面は灰色みが強い

ドングリ好き。貯食で森を育てる役目も果たす

見る　雌雄同色。頭上は白く黒い縦斑があり、顔は黒い。体はぶどう褐色で、腰は白い。大・中雨覆は青地に黒白の斑模様で、翼に白斑がある。

知る　樹木の果実や昆虫を食べ、時にはトカゲや小鳥の雛も食べる。ドングリを好み、冬用に貯える習性もある。喉袋に数個詰めて1～2km先まで運び、枯れ葉の下に多い時で1時間に40～60個を貯蔵する。ジェーィと鳴くが、他の鳥の鳴き真似もする。

ルリカケス
（瑠璃樫鳥、瑠璃懸巣） ★★★

|学| *Garrulus lidthi* |
|英| Lidth's Jay |

- 大きさ　L38cm
- 分布　留鳥として奄美大島、加計呂麻島、請島に分布
- 環境　人家周辺、農耕地、常緑広葉樹林

天然記念物

成鳥。日本の固有種で、国の天然記念物。近縁種はヒマラヤ山麓に分布するインドカケス

水場を訪れた成鳥。ジャー、ギャーなどと鳴くことが多い

青色の美しい羽色。絶滅の危機は脱しつつある

見る　雌雄同色。頭部から上胸、翼と尾は濃い青紫色。背や腰、下胸から下面は紫色みのある赤栗色。風切先端と尾の先は白い。

知る　樹洞や幹の隙間の他に、近年は人家の軒下にも巣を作って繁殖。ヘルパーも観察されている。果実、昆虫、トカゲなどを食べ、畑のサツマイモも食べる。秋はドングリを好み、ドングリが豊作だと翌年の繁殖成功率が高い。ドングリを貯える習性もある。

スズメ目カラス科

カササギ（鵲）

★★

- **学** *Pica pica*
- **英** Black-billed Magpie

- **大きさ** L45cm
- **分布** 留鳥として佐賀平野を中心とした九州北西部に分布
- **環境** 人家周辺、農耕地、干拓地

天然記念物（カササギ生息地）

成鳥。カシャカシャと鳴く声から「カチガラス」とも呼ばれる

成鳥。17世紀に朝鮮半島から旧佐賀藩領などに移入され、保護されて定着したらしい

移入起源で佐賀県に縁が深い。電柱で営巣する

見る 雌雄同色。頭部から背、胸は黒色。翼と尾は青色や緑色光沢のある黒色で、肩羽と初列風切の内弁は白色。腹は白色で、下尾筒は黒い。

知る 市街地周辺に多く、樹上の他、電柱上に多く巣を作り、巣材に針金ハンガーなども利用する。昆虫やミミズ、カエル、果実などを食べる。独身個体や非繁殖期は群れで行動する。現在、北海道や本州で定着するものは、籠抜け*個体の可能性もある。

オナガ（尾長）

★

- **学** *Cyanopica cyanus*
- **英** Azure-winged Magpie

- **大きさ** L37cm
- **分布** 留鳥として福井・岐阜・静岡を結ぶ線から東の本州に分布
- **環境** 人家周辺、平地から山地の林、農耕地

成鳥。ギューイ、ギューイと騒がしく鳴く

水浴び。一年を通じて群れで行動し、繁殖期にはヘルパーも確認されている

水色の長い尾を持つ鳥。分布は東日本に偏る

見る 雌雄同色。頭上は黒く頬から喉は白色。背から肩羽、腰は灰色。翼や尾は水色で、中央尾羽の先が白く目立つ。

知る 西日本では1980年代以降、ほとんど見られない。樹上に巣を作る。ツミの巣の近くに巣を作り、その威を借りてカラスから巣を守ったり、複数が集中して繁殖し天敵に集団防衛をおこなうこともある。主に昆虫や果実を食べる。東アジアとイベリア半島に離れて分布する。

スズメ目カラス科

籠抜け：飼育下から逃げ出すこと。逃げ出した鳥そのものを指すこともある

ホシガラス
（星鴉、星烏） ★★

学	*Nucifraga caryocatactes*
英	Nutcracker

- **大きさ** L35cm
- **分布** 留鳥または漂鳥として北海道、本州、四国に分布
- **環境** 亜高山から高山帯の針葉樹林やハイマツ帯。冬は低山から山地に移動

成鳥。針葉樹の種子を好み、登山道で食痕を見ることも多い

幼鳥。成鳥に比べ羽色に褐色みが強い。本種の鳴き声はガーッ、ガーッとしわがれた声

黒っぽい体に白い星。登山道でよく見かける

見る 雌雄同色。頭部から体はチョコレート色で、顔や体に白い縦斑がある。翼と尾は黒褐色。下尾筒と尾先は白い。

知る 昆虫も食べるが、樹木の種子、特にハイマツを好んで食べる。種子を貯える習性もあり、マツ類では珍しく動物散布のハイマツにとって重要な種子散布者。北海道ではハイマツが不作だと平地越冬が多く、神奈川県の丹沢山地ではブナが豊作だと越冬数が多いという調査結果もある。

コクマルガラス
（黒丸鴉、黒丸烏） ★★

学	*Corvus dauuricus*
英	Daurian Jackdaw

- **大きさ** L33cm
- **分布** 冬鳥として主に九州を中心とした西日本に渡来
- **環境** 農耕地、草地、まばらな林

淡色型。キョンキョン、キョー、キャーなどと独特な声で鳴く

暗色型成鳥。全身が黒色。若鳥は後頭や後頸などに白い筋状の模様がある

キジバト大の小さなカラス。白黒の淡色型がある

見る 雌雄同色。淡色型と暗色型がある。淡色型は頭部から顔や胸、背から尾、翼、下尾筒が黒く、後頸から胸側、腹にかけてが白い。暗色型は全身が光沢のある黒色。

知る 近年は東へ越冬分布が広がりつつあり、関東地方でも観察例が増えている。また北海道や沖縄でも記録がある。ほとんどの場合、ミヤマガラスの群れに混ざっている。農耕地などの地上で採餌し、昆虫や穀物などを食べる。

スズメ目カラス科

242

ミヤマガラス
（深山鴉、深山烏） ★★

学 *Corvus frugilegus*
英 Rook

大きさ　L47cm
分布　冬鳥としてほぼ全国に渡来し、西南日本、特に九州に多い
環境　農耕地や周辺の林

成鳥。細く弱い声で、カララ、カララと鳴く

群れで行動し、田畑や干拓地の草地などで、昆虫や穀物を食べる。時には数百羽にもなる

冬鳥として渡来し越冬地を拡大中のカラス

見る ハシボソガラスに似るがやや小さく、嘴も細く尖り基部が白い。雌雄同色で、全身が光沢のある黒色。

知る 以前は主に九州に渡来していたが、1980年代から東へ分布を拡大。北陸から東北、北海道へと広がり、現在は関東南部や東海地方でも確認されている。渡りのルートは日本列島を東進、北上せず、大陸から各越冬地へ直接渡来する可能性が高い。常に大きな群れを作り行動する。

ワタリガラス
（渡鴉、渡烏） ★★

学 *Corvus corax*
英 Common Raven

大きさ　L63cm
分布　冬鳥として主に北海道東・北部に渡来する
環境　海岸、草地、森林

成鳥。コォーコォー、グァララなど特徴的な声で鳴く

海獣の死骸を食べる。積雪が多く気候の厳しい北海道では、動物の死骸が重要な食料になる

ハシブトガラスより一回りも大きいカラス

見る カラス類中で最大。雌雄同色。全身が青紫色光沢のある黒色。喉の羽毛が毛羽立つ。嘴は太く上嘴が湾曲する。

知る 近年は渡来数が増加し北海道では内陸部に進出。秋田県の記録もある。主に魚やアザラシ、エゾシカなどの死骸を食べ、北海道での分布拡大時期はエゾシカ猟の増加時期と一致する。空中での飛行も巧みで、雪面で転がったり木の枝にぶら下がるなど、遊びと思える行動も見せる。

スズメ目カラス科

成鳥。ハシブトガラスに比べ、地上ではウォーキング（足を交互に出す）で歩くことが多い

冬でも昼間はつがいや単独で過ごし、夜間はねぐらで大きな群れになる

抱卵する成鳥。樹上や電柱に小枝で椀形の巣を作る。ハンガーやビニールひもを巣材に使うこともある。繁殖中は神経質で巣の近くを通りかかった人を攻撃することもある

成鳥。ガァァガァァと濁った声で鳴き、その際は前傾姿勢で頭を上下させる

ハシボソガラス（嘴細鴉、嘴細烏）

英 Carrion Crow　学 Corvus corone

額がなだらかで嘴が細く濁った声で鳴くカラス

見る 雌雄同色。全身が青紫色光沢のある黒色。額は出っ張らず、嘴が細い。上嘴はやや湾曲し、基部から半分くらいまで羽毛が生える。

知る 本来は平地の農耕地や河川敷に多く生息し、現在は市街地でも普通。雑食で、昆虫や小鳥類の卵や雛、動物の死骸などの動物質、草木の果実、花や新芽、穀物などの植物質、残飯など何でも食べる。貝やオニグルミの種子を高い場所から落としたり、車に轢かせて割り、中身を食べる行動が知られている。食物などを隠す貯食習性もある。

大きさ	L50cm
分布	留鳥として北海道から九州に分布。沖縄では稀な冬鳥。伊豆・小笠原諸島でも記録がある
環境	農耕地、市街地、河原、海岸

スズメ目カラス科

飛翔はハシボソガラスより巧み。カァーカァー、アーアーと澄んだ声でよく鳴く

シカから巣材の獣毛を集める

魚を食べる。雑食で環境適応力が強い

亜種オサハシブトガラス。八重山諸島に分布し、体が小さくて額もあまり出っ張らない。市街地から農耕地まで広く生息する

ハシブトガラス（嘴太鴉、嘴太烏）

学 *Corvus macrorhynchos*　　**英** Jungle Crow

スズメ目カラス科

額が出っ張り嘴が太く、澄んだ声で鳴くカラス

見る ハシボソガラスより大きく額が出っ張る。雌雄同色。全身が青紫色光沢のある黒色。嘴は太く上嘴は大きく湾曲し、基部に羽毛が生える。

知る 本来は森林に多いが、平地でも普通で、東京の都心部に生息するのは本種。これはビル街と森林では空間の利用の仕方が同じで、食物の残飯があり、ねぐらとなる都市緑地もあるためと考えられる。昆虫や小鳥の卵や雛、小動物やその死骸、残飯、果実などを食べる。本種の増加は、各地で稀少鳥類の増・繁殖に大きな障害となっている。

大きさ L57cm

分布 留鳥または漂鳥として小笠原諸島をのぞく全国に分布

環境 市街地、農耕地、平地から山地の林、海岸

245

主な帰化鳥

在来の鳥類以外に、日本には昔から多くの外国産鳥類が飼育用に輸入されてきた。それらが逃げ出したり、野外に放たれたりした結果、これまでに20種類以上の外国産鳥類が自然下で確認されている。多くは日本の気候が合わなかったり、在来の鳥類との競争に負けて消えてしまうが、中には定着して問題になるものもいる。

ガビチョウ（峨眉鳥）

- スズメ目チメドリ科
- 学 *Garrulax canorus*
- 英 Hawamei
- 大きさ L20〜25cm
- 分布 中国南部からラオス・ベトナム北部、台湾

特定外来生物

1980〜90年代から野生化し、冬の積雪が少ない九州と東北南部から関東、東海地方の、人里近くの雑木林や藪などに生息。在来鳥類と競合する危険があり、特定外来生物に指定されている。

ソウシチョウ（相思鳥）

- スズメ目チメドリ科
- 学 *Leiothrix lutea*
- 英 Red-billed Leiothrix
- 大きさ L15cm
- 分布 中国南部・ベトナム北部からヒマラヤ西部

特定外来生物

1931年に野生化が確認され、1980年代から広がり、本州中部以西の各地で見られる。在来鳥類への影響も大きいとされる。

ハッカチョウ（八哥鳥）

- スズメ目ムクドリ科
- 学 *Acridotheres cristatellus*
- 英 Crested Myna
- 大きさ L27cm
- 分布 中国中・南部から東南アジア北部

1970〜80年代から関東や近畿、九州の各地で野生化が確認されている。ただし、八重山諸島の与那国島に渡来するものは天然個体と考えられる

ドバト（堂鳩／河原鳩）

- ハト目ハト科
- 学 *Columba livia*
- 英 Rock Dove
- 大きさ L33cm
- 分布 中国西部から中央アジア、中近東、アフリカ北部

家禽化されたカワラバトが起源。大和・飛鳥時代から移入され、名前は寺院（お堂）にすむことにちなむ。全国に生息し糞害や病気媒介が懸念される。

ワカケホンセイインコ（輪掛本青鸚哥）

- インコ目インコ科　学 *Psittacula krameri manillensis*
- 英 Ring-necked（Rose-ringed）Parakeet
- 大きさ　L40cm
- 分布　インド南部、スリランカ

本州中部以西の各地で生息が確認され、特に東京都では1969年から定着、23区の西南部に数百羽が生息する。目黒区の大学敷地に大きなねぐらがある。

インドクジャク（印度孔雀）

- キジ目キジ科　学 *Pavo cristatus*
- 英 Common Peafowl、Indian Peafowl
- 大きさ　L90～130cm
- 分布　インド、パキスタン、バングラデシュ、ネパール、スリランカ

要注意外来生物

近年、大隅諸島や先島諸島の各島で定着し始め、在来鳥類との競合、稀少な両生・爬虫類や昆虫の捕食、農作物被害などが懸念されている。

シマキンパラ（縞金腹）

- スズメ目カエデチョウ科　学 *Lonchura punctulata*
- 英 Natmeg mannikin、Scary-breasted munia
- 大きさ　L10cm
- 分布　中国南部から東南アジア、インド、スリランカ

別名アミハラ。東京都や神奈川県でも確認されているが、現在は主に沖縄県で定着している。農作物への被害が懸念される。近縁のギンパラ（右）なども野生化している。

ベニスズメ（紅雀）

- スズメ目カエデチョウ科
- 学 *Amandava amandava*
- 英 Red Avadavat
- 大きさ　L10cm
- 分布　東南アジアからインド

1960年代から関東、東海、近畿などで野生化が確認された。河川敷などに生息するが、現在は生息数は少なくなっている。

銚子港 （千葉県、茨城県）

東アジア有数のカモメ探鳥地

日本で1、2位を争う水揚げ高を誇る銚子港には、冬の間多くのカモメ類が食物を求めて集まってくる。中には希少カモメ類が混じることもある。沖合には海ガモも訪れ、春秋や台風後にシギ類や海鳥が現れることも多い。利根川を挟んだ波崎海岸にも立ち寄るとよい。

戸隠高原 （長野県）

多数の鳥の声で目覚める高原の朝

落葉広葉樹林から針広混交林の森が広がり、池や湿原があるなど環境も多様。サンコウチョウやアカショウビン、アカハラ、キクイタダキなど、山地から亜高山生の野鳥が数多く見られる。また鏡池周辺では春秋にワシタカ類の渡りも観察することができる。

伊良湖岬、汐川干潟 （愛知県）

岬の上空を数多くのサシバが渡る

渥美半島の先端にある伊良湖岬は、秋にサシバやハチクマの渡りが見られ、また海峡を渡るヒヨドリの群れをハヤブサが狙う様子も見られる。また半島根元にある汐川干潟や周辺の水田はシギやチドリ類が多数訪れる。距離的にも近く、秋なら2カ所同時に楽しめる。

宍道湖・中海 （島根県、鳥取県）

コハクチョウ渡来地の南限にあたる湖

隣接する2つの汽水湖で、数多くの水鳥が越冬のために渡来する。その数は2つの湖を合わせると10万羽にもなり、日本海側ではもちろん日本でも最大級の水鳥越冬地。またコハクチョウの集団渡来地としても西日本最大かつ南限にあたり、約1000羽が渡来する。

笠岡干拓地 （岡山県）

広大な農耕地にワシタカ類を探す

笠岡湾に造成された広大な干拓地で、冬場は畑地や牧草地、アシ原などにチュウヒやノスリ、チョウゲンボウなどのワシタカ類やコミミズクが多く見られる。またタゲリやミヤマガラスなども渡来するほか、河川にはカモ類も渡来し、近年はツクシガモも見られる。

水田に舞い降りるカンムリワシ。西表島では個体数が多い

朝焼けの出水平野を飛ぶナベヅルの群れ

和白干潟、今津干潟 （福岡県）

クロツラヘラサギの一大越冬地

博多湾の北東、海の中道の根元にある和白干潟や、博多湾の西にある今津干潟などに、春秋の渡りシーズンにはシギやチドリ類が、冬場はカモ類などが多数渡来する。世界的に稀少なクロツラヘラサギは博多湾全体で数十羽が越冬。またミヤコドリなども見られる。

有明海 （佐賀県、長崎県）

一面の干潟にシギチ類が群れる

干満の差が大きい有明海は、大潮の干潮時になると広大な干潟が現れる。底生生物も豊富で春秋の渡りシーズンにはシギやチドリが数多く渡来し、群れの規模も大きいのが特徴。冬場はツクシガモなどが多く渡来する。佐賀県の大授搦や長崎県の諫早湾がポイント。

一ツ瀬川河口 （宮崎県）

コアジサシの集団営巣地もある

河口周辺の湿地や河口右岸にある調整池、周辺の養殖池などにサギ類、渡りシーズンのシギ、チドリ類、冬場のカモ類など、多くの水鳥が集まる。河口砂地ではコアジサシの大きな集団営巣地も確認されている。ちなみに周辺の砂浜はアカウミガメの産卵地である。

出水平野 （鹿児島県）

世界的にも重要なツル類の越冬地

八代海に面した出水市の荒崎、古浜、出水干拓東工区に、マナヅルとナベヅルが1万羽以上も渡来する。それらに混じって稀少なツル類が渡来することもある。またワシタカ類、小鳥類も多く集まり、同じ出水市の米ノ津川河口付近ではカモ類やサギ類も見られる。

石垣島、西表島、与那国島 （沖縄県）

地域限定の固有種や渡り鳥が多い南の島

豊かな森と干潟を持つ西表島、稀少な渡り鳥が多い与那国島。この2つの島と、交通の基点であり探鳥地としても優れる石垣島を日程に合わせて組み合わせる。カンムリワシやキンバト、ムラサキサギなどの留鳥に加え、渡り鳥や冬鳥が増える秋から春までが良い。

一度は訪れたい探鳥地 BEST 20

南北に連なる日本列島には、その土地ならではの多様な探鳥地が存在します。時には地元のフィールドを離れ、そんな探鳥地を訪れてみましょう。

▲湿原の花の上でさえずるシマセンニュウ。初夏の道東で楽しめる

天売島（てうりとう）（北海道）
北の海に浮かぶ海鳥の楽園
北海道西岸、羽幌町の沖合にある周囲約12kmの小島。島でオロロン鳥と呼ばれるウミガラスをはじめ、ケイマフリやウトウ、ウミネコなど、その数100万羽ともいわれる海鳥の一大繁殖地。春の渡りシーズンには多くの旅鳥も立ち寄る。春から夏がベストシーズン。

野付半島（北海道）
花と鳥に包まれる全長26kmの砂嘴半島
知床半島と根室半島の間に位置し、湿原や草原、干潟などの多様な環境がある。夏はベニマシコやオオジュリン、オオジシギなどが繁殖し、冬にはオオワシやオジロワシ、海ガモも渡来する。日程に余裕があれば、釧路や根室の探鳥地とセットで訪れる手もある。

知床半島（北海道）
世界自然遺産にも登録された自然郷
夏場は知床五湖方面の入口でもある斜里町ウトロ方面で森林生の鳥が楽しめる他、羅臼方面ではクルーズ船を利用すればハシボソミズナギドリの大群などにも出会える。冬はウトロ方面、羅臼方面ともにオオワシやオジロワシ、海ガモ類が数多く渡来する。

大雪山（北海道）
ロープウェイで気軽に高山の鳥を楽しめる
大雪山の最も一般的な登山コースでもある旭岳周辺がお薦め。ここでの一番の見物は何といってもギンザンマシコ。その他、ノゴマやカヤクグリも多い。あとは山麓で他の森林生の鳥を探すか、強行軍で西の天売島や東のコムケ湖方面へ足を伸ばすか、プランも多様。

伊豆沼・内沼、蕪栗沼（かぶくりぬま）（宮城県）
マガンの国内随一の飛来地
栗原市と登米市にまたがる伊豆沼と近くの内沼には、秋から冬にかけて約6万羽のマガンが訪れる。早朝のねぐら立ちの群飛は壮観の一言。またヒシクイやオオハクチョウ、多数のカモ類も見られる。近年は隣の大崎市にある蕪栗沼へもマガンが多く飛来している。

飛島（とびしま）（山形県）
渡り鳥とウミネコ繁殖地が有名な島
酒田市の沖合にある周囲約10kmの島。日本海にポツリと浮かぶ島だけに渡り鳥の中継地点として重要で、春と秋には数多くの鳥が島で羽を休めていく。またその中に珍鳥が見つかることも多い。また島のウミネコ繁殖地は国の天然記念物にも指定されている。

朝日池・瓢湖（ひょうこ）（新潟県）
新潟県を代表する水鳥の宝庫
上越市の朝日池も、阿賀野市の瓢湖も、もともとは用水のために作られた人造湖だが、今ではガンカモ類を中心とした水鳥の貴重な越冬地になっている。瓢湖では数千羽のハクチョウ類が訪れることで有名で、朝日池では近年ハクガンの渡来が多く注目を集めている。

舳倉島（へぐらじま）（石川県）
バードウォッチャーの聖地ともされる島
能登半島輪島市の北の沖合に位置する周囲約5kmの小島で、渡り鳥の重要な中継地点。確認された鳥は数百種におよび、日本本土を通過しない種類も多い。春秋の渡りシーズンは多くのバードウォッチャーが集まるため、旅行計画は早めに立てておきたい。

河北潟（石川県）
広大なアシ原の上をチュウヒが舞う
金沢平野の北に位置する潟湖で、現在は干拓などが進められ淡水湖になっている。冬場、数多くの水鳥が越冬に渡来するほか、周辺のアシ原には水鳥やネズミなどを狙うチュウヒやノスリなどのワシタカ類も集まり、ハイイロチュウヒやオオノスリの記録もある。

小笠原諸島（東京都）
東洋のガラパゴスとも呼ばれる海洋島
一度も陸続きになったことのない海洋島で、鳥類でもメグロなどの固有種、固有亜種が豊富。また周辺海域ではミズナギドリ類、アホウドリ類などの外洋性海鳥がよく見られる。ただし、観光シーズンでも船が3日に1便、所用約25時間かかる（東京～父島間）。

ウォッチングの道具

ポロプリズム型

ダハプリズム型

ダハプリズム型は軽量小型だが高価、ポロプリズム型は明るい大口径が得られ安価だが大型で重いという長所短所がある

デジタルカメラをスコープに取り付けて撮影する「デジスコ」が最近は主流。高価な望遠レンズ代わりになる

双眼鏡

バードウォッチングでは最も一般的に使われる道具です。さまざまなタイプがありますが、倍率が8～10倍で、レンズ口径の大きいものが最適で広くて明るいものが最適です。倍率は高ければよく見えますが、初心者には鳥を視野に導入するのが難しくなります。また大型のものは、持ち運んだり長時間手に持って使うのには不便です。

フィールドスコープ

より詳しく鳥を観察する時に便利なのが小型の地上用望遠鏡・フィールドスコープです。高倍率で遠くの鳥でも詳細に観察できる他、カメラの望遠レンズ代わりにも使えます。ただし、三脚に取り付けて使用するため持ち運びに不便なのと、高倍率ゆえに慣れないと鳥を視野に導入するのが難しい欠点もあります。中級者以上にお薦めの道具でしょう。

鳴き声CDの内容

付属のCDには、♪マークが表示されている鳥の鳴き声が収録されています。CDは、CDプレーヤーで再生してください。

1カイツブリ	0:21	26アオバト	0:26	51ヒレンジャク	0:31	76コガラ	0:42
2オオハクチョウ	0:30	27ジュウイチ	0:54	52カワガラス	0:26	77ヒガラ	0:40
3コガモ	0:29	28カッコウ	0:56	53ミソサザイ	0:57	78ヤマガラ	0:53
4オナガガモ	0:27	29ツツドリ	0:28	54カヤクグリ	0:44	79シジュウカラ	0:43
5タンチョウ	0:57	30ホトトギス	1:09	55コマドリ	1:08	80ゴジュウカラ	0:53
6ヒクイナ	1:03	31フクロウ	0:54	56コルリ	0:59	81メジロ	1:05
7ムナグロ	1:01	32アオバズク	0:32	57ルリビタキ	1:04	82ホオジロ	0:43
8ダイゼン	0:46	33コノハズク	0:59	58ジョウビタキ	0:33	83カシラダカ	0:50
9コチドリ	0:28	34ヨタカ	0:40	59ノビタキ	1:01	84アオジ	0:51
10キアシシギ	0:29	35カワセミ	0:31	60イソヒヨドリ	1:09	85アトリ	0:25
11ソリハシシギ	0:28	36アカショウビン	0:57	61トラツグミ	1:00	86カワラヒワ	0:53
12チュウシャクシギ	0:33	37アオゲラ	0:45	62クロツグミ	1:09	87マヒワ	0:43
13オオジシギ	1:01	38アカゲラ	0:43	63アカハラ	0:49	88ベニマシコ	0:31
14ユリカモメ	0:26	39コゲラ	0:59	64ウグイス	1:13	89ウソ	0:48
15オオセグロカモメ	0:28	40ヒバリ	1:13	65ヤブサメ	0:57	90イカル	0:52
16ウミネコ	0:31	41ツバメ	1:02	66オオヨシキリ	0:56	91スズメ	0:33
17コアジサシ	0:41	42イワツバメ	0:40	67メボソムシクイ	1:11	92ムクドリ	0:34
18トビ	0:30	43キセキレイ	0:46	68エゾムシクイ	0:53	93カケス	0:30
19サシバ	0:29	44ハクセキレイ	0:46	69センダイムシクイ	0:48	94オナガ	0:33
20ツミ	0:33	45セグロセキレイ	1:00	70セッカ	0:38	95ホシガラス	0:33
21ノスリ	0:34	46ビンズイ	1:09	71キビタキ	1:12	96ハシボソガラス	0:23
22ヤマドリ	0:43	47サンショウクイ	0:30	72オオルリ	1:05	97ハシブトガラス	0:34
23キジ	0:30	48ヒヨドリ	0:51	73コサメビタキ	0:40	98ガビチョウ	0:29
24コジュケイ	0:28	49モズ	0:32	74サンコウチョウ	0:57	99ソウシチョウ	0:32
25キジバト	0:33	50キレンジャク	0:48	75エナガ	0:55	合計	74:17:00

[CDのお取扱いについて]付属のCDは、CDプレーヤーで再生してください。一部のパソコンでは不都合が生じる場合があります。

ヘラシギ	86

ホ
ホウロクシギ	95
ホオアカ	220
ホオジロ	219
ホオジロガモ	61
ホオジロハクセキレイ	176
ホシガラス	242
ホシゴイ	27
ホシハジロ	58
ホシムクドリ	238
ホトトギス	149
ホントウアカヒゲ	207

マ
マガモ	49
マガン	41
マキノセンニュウ	191
マダラチュウヒ	136
マナヅル	64
マヒワ	228
マミジロ	198
マミジロアジサシ	110
マミジロキビタキ	209
マミジロツメナガセキレイ	174
マミチャジナイ	197

ミ
ミコアイサ	62
ミサゴ	120
ミゾゴイ	26
ミソサザイ	186
ミツユビカモメ	109
ミフウズラ	143
ミミカイツブリ	11
ミヤケコゲラ	168
ミヤコドリ	73
ミヤマカケス	240
ミヤマガラス	243
ミヤマホオジロ	221
ミユビシギ	86

ム
ムギマキ	209
ムクドリ	239
ムコジマメグロ	219
ムナグロ	74
ムネアカタヒバリ	178
ムラサキサギ	35

メ
メグロ	219
メジロ	218
メダイチドリ	78
メボソムシクイ	189

メリケンキアシシギ	92

モ
モズ	181
モスケミソサザイ	186

ヤ
ヤイロチョウ	169
ヤツガシラ	162
ヤブサメ	192
ヤマガラ	215
ヤマゲラ	163
ヤマシギ	98
ヤマセミ	160
ヤマドリ	141
ヤンバルクイナ	68

ユ
ユリカモメ	104

ヨ
ヨシガモ	53
ヨシゴイ	25
ヨタカ	157
ヨナグニカラスバト	144

ラ
ライチョウ	140

リ
リュウキュウアオバズク	151
リュウキュウアカショウビン	161
リュウキュウウグイス	193
リュウキュウオオコノハズク	153
リュウキュウキジバト	145
リュウキュウキビタキ	208
リュウキュウコノハズク	153
リュウキュウサンコウチョウ	212
リュウキュウサンショウクイ	179
リュウキュウツバメ	171
リュウキュウツミ	126
リュウキュウヒクイナ	69
リュウキュウメジロ	218
リュウキュウヨシゴイ	25

ル
ルリカケス	240
ルリビタキ	205

レ
レンカク	72

ワ
ワカケホンセイインコ	247
ワシカモメ	105
ワタリガラス	243

赤字は文字情報のみ掲載

チゴモズ	182
チシマウガラス	20
チュウサギ	32
チュウジシギ	100
チュウシャクシギ	97
チュウダイサギ	30
チュウヒ	135
チュウヒバリ	170
チョウゲンボウ	137
チョウセンオオルリ	210
チョウセンチョウゲンボウ	137

ツ

ツクシガモ	46
ツグミ	195
ツツドリ	149
ツノメドリ	118
ツバメ	172
ツバメチドリ	103
ツミ	126
ツメナガセキレイ	174
ツリスガラ	213
ツルクイナ	70
ツルシギ	89

ト

トウゾクカモメ	109
トウネン	81
トキ	37
ドバト（カワラバト）	246
トビ	124
トモエガモ	51
トラツグミ	201
トラフズク	155

ナ

ナキイスカ	231
ナベクロヅル	67
ナベヅル	65
ナミエヤマガラ	215

ニ

ニュウナイスズメ	237

ノ

ノグチゲラ	165
ノゴマ	204
ノジコ	222
ノスリ	130
ノビタキ	203

ハ

ハイイロガン	43
ハイイロチュウヒ	136
ハイイロヒレアシシギ	101
ハイタカ	127
ハギマシコ	229

ハクガン	43
ハクセキレイ	176
ハシナガウグイス	193
ハシビロガモ	55
ハシブトアカゲラ	166
ハシブトウミガラス	114
ハシブトガラ	214
ハシブトガラス	245
ハシボソガラス	244
ハシボソミズナギドリ	17
ハジロカイツブリ	11
ハジロコチドリ	75
ハチクマ	121
ハチジョウツグミ	195
ハッカチョウ	246
ハハジマメグロ	219
ハマシギ	83
ハマヒバリ	170
ハヤブサ	138
ハリオアマツバメ	158
ハリオシギ	100
ハリモチチュウシャクシギ	97
バン	71

ヒ

ヒガラ	215
ヒクイナ	69
ヒシクイ	42
ヒドリガモ	52
ヒバリ	170
ヒバリシギ	81
ヒメアマツバメ	157
ヒメイソヒヨ	200
ヒメウ	21
ヒメクビワカモメ	109
ヒメクロアジサシ	113
ヒメコウテンシ	169
ヒメシジュウカラガン	40
ヒメハジロ	61
ヒヨドリ	180
ヒレンジャク	185
ビロードキンクロ	59
ビンズイ	177

フ

フクロウ	150
ブッポウソウ	162
フルマカモメ	16

ヘ

ベニアジサシ	112
ベニスズメ	247
ベニバト	145
ベニバラウソ	233
ベニヒワ	228
ベニマシコ	232
ヘラサギ	35

コオリガモ	60	ショウドウツバメ	171
コガモ	50	ジョウビタキ	202
コカモメ	107	シラオネッタイチョウ	20
コガラ	214	シラコバト	144
コクガン	39	シロエリオオハム	14
コクマルガラス	242	シロガシラ	179
コグンカンドリ	23	シロカモメ	105
コゲラ	168	シロチドリ	77
コサギ	31	シロハヤブサ	139
コサメビタキ	211	シロハラ	199
コシアカツバメ	173	シロハラクイナ	68
コシジロウミツバメ	17	シロハラゴジュウカラ	217
コシジロヤマドリ	141	シロフクロウ	155
コシャクシギ	97	**ス**	
ゴジュウカラ	217	ズアカアオバト	146
コジュケイ	143	ズグロカモメ	103
コジュリン	224	ズグロミゾゴイ	26
コスズガモ	57	スズガモ	57
コチドリ	76	スズメ	236
コチョウゲンボウ	137	**セ**	
コトラツグミ	201	セイタカシギ	102
コノハズク	152	セグロアジサシ	112
コハクチョウ	45	セグロカモメ	107
コホオアカ	220	セグロセキレイ	177
コマドリ	206	セッカ	194
コミミズク	154	セレベスコノハズク	153
コムクドリ	239	センダイムシクイ	190
コヨシキリ	189	**ソ**	
コルリ	205	ソウシチョウ	246
サ		ソデグロヅル	67
サカツラガン	43	ソリハシシギ	93
ササゴイ	28	ソリハシセイタカシギ	101
サシバ	125	**タ**	
サメビタキ	211	ダイサギ	30
サルハマシギ	84	ダイシャクシギ	96
サンカノゴイ	24	ダイゼン	75
サンコウチョウ	212	ダイトウウグイス	193
サンショウクイ	179	ダイトウコノハズク	153
シ		ダイトウノスリ	130
シジュウカラ	216	ダイトウミソサザイ	186
シジュウカラガン	40	ダイトウヤマガラ	215
シノリガモ	60	タイワンハクセキレイ	176
シベリアアオジ	223	タイワンヒヨドリ	180
シベリアジュリン	223	タカブシギ	91
シベリアハクセキレイ	176	タゲリ	79
シマアオジ	222	タシギ	99
シマアカモズ	182	タネコマドリ	206
シマアジ	51	タヒバリ	178
シマエナガ	213	タマシギ	72
シマキンパラ（アミハラ）	247	タンチョウ	66
シマセンニュウ	191	**チ**	
シマハヤブサ	138	チゴハヤブサ	139
シマフクロウ	156		
シメ	235		
ジュウイチ	147		

赤字は文字情報のみ掲載

オオハクチョウ	44
オオハシシギ	88
オオハム	14
オオハヤブサ	138
オオバン	71
オオヒシクイ	42
オオホシハジロ	58
オオマガン	41
オオマシコ	230
オオミズナギドリ	15
オオメダイチドリ	78
オオモズ	183
オオヨシキリ	188
オオヨシゴイ	24
オオルリ	210
オオワシ	123
オガサワラカワラヒワ	227
オガサワラノスリ	130
オカヨシガモ	53
オガワコマドリ	204
オグロシギ	95
オサハシブトガラス	245
オシドリ	47
オジロトウネン	80
オジロワシ	122
オナガ	241
オナガガモ	54
オナガミズナギドリ	16
オバシギ	85
オリイヤマガラ	215

カ

カイツブリ	10
カケス	240
カササギ	241
カシラダカ	221
カツオドリ	23
カッコウ	148
カナダガン	40
カナダヅル	65
ガビチョウ	246
カモメ	107
カヤクグリ	187
カラアカハラ	196
カラシラサギ	32
カラスバト	144
カラフトワシ	131
カラムクドリ	238
カリガネ	40
カルガモ	48
カワアイサ	63
カワウ	22
カワガラス	186
カワセミ	159
カワラヒワ	227
カンムリウミスズメ	116
カンムリカイツブリ	12
カンムリワシ	134

キ

キアシシギ	92
キクイタダキ	194
キジ	142
キジバト	145
キセキレイ	175
キタツメナガセキレイ	174
キタヤマドリ	141
キバシリ	217
キビタキ	208
キマユツメナガセキレイ	174
キョウジョシギ	80
キリアイ	85
キレンジャク	184
キンクロハジロ	56
ギンザンマシコ	230
キンバト	147
ギンパラ	247
ギンムクドリ	238

ク

クイナ	70
クサシギ	91
クビワキンクロ	56
クマゲラ	165
クマタカ	133
クロアシアホウドリ	19
クロアジサシ	113
クロウタドリ	199
クロガモ	59
クロサギ	33
クロジ	224
クロツグミ	198
クロツラヘラサギ	36
クロヅル	67
クロトキ	37
クロハラアジサシ	113

ケ

ケアシノスリ	131
ケイマフリ	115
ケリ	79

コ

コアオアシシギ	90
コアカゲラ	167
コアジサシ	111
コアホウドリ	19
コイカル	234
ゴイサギ	27
コウノトリ	38
コウライアイサ	63
コウライウグイス	237
コウライキジ	142
コオバシギ	84

INDEX

ア

アオアシシギ	90
アオゲラ	164
アオサギ	34
アオジ	223
アオシギ	99
アオハクガン	43
アオバズク	151
アオバト	146
アオハライソヒヨドリ	200
アカアシアジサシ	110
アカアシシギ	88
アカウソ	233
アカエリカイツブリ	13
アカエリヒレアシシギ	101
アカオネッタイチョウ	20
アカガシラカラスバト	144
アカガシラサギ	28
アカゲラ	166
アカコッコ	197
アカショウビン	161
アカツクシガモ	46
アカハシハジロ	58
アカハジロ	56
アカハラ	196
アカハラダカ	129
アカハラツバメ	172
アカヒゲ	207
アカマシコ	229
アカモズ	182
アカヤマドリ	141
アジサシ	110
アトリ	226
アナドリ	16
アビ	13
アホウドリ	18
アマサギ	29
アマツバメ	158
アマミヤマシギ	98
アメリカウズラシギ	82
アメリカコガモ	50
アメリカコハクチョウ	45
アメリカヒドリ	52
アリスイ	163

イ

イイジマムシクイ	190
イエスズメ	236
イカル	234
イカルチドリ	77
イスカ	231
イソシギ	93

ウ

イソヒヨドリ	200
イヌワシ	132
イワツバメ	173
イワヒバリ	187
インドクジャク	247

ウグイス	193
ウスアカヒゲ	207
ウズラ	143
ウズラシギ	82
ウソ	233
ウチヤマセンニュウ	191
ウトウ	117
ウミアイサ	62
ウミウ	21
ウミガラス	114
ウミスズメ	116
ウミネコ	108
ウミバト	115

エ

エゾアカゲラ	166
エゾセンニュウ	192
エゾビタキ	211
エゾフクロウ	150
エゾムシクイ	189
エゾライチョウ	140
エトピリカ	118
エトロフウミスズメ	117
エナガ	213
エリグロアジサシ	111
エリマキシギ	87

オ

オオアカゲラ	167
オオアカハラ	196
オオアジサシ	113
オオカラモズ	183
オオカワラヒワ	227
オオクイナ	69
オオコノハズク	153
オオジシギ	100
オオジュリン	225
オーストンオオアカゲラ	167
オーストンヤマガラ	215
オオセグロカモメ	106
オオセッカ	192
オオソリハシシギ	94
オオタカ	128
オオチドリ	78
オオトラツグミ	201
オオノスリ	129

赤字は文字情報のみ掲載

著者紹介

真木広造（まきひろぞう）
山形県河北町生まれ。山形県立寒河江高校卒業後、野生動物の写真を撮り始める。1985年に動物写真家として独立。日本を中心に世界各地で撮影活動を続け、日本鳥類656種の撮影を終了し、全種680種類に挑戦中。他に、日本のワシタカ類、日本のフクロウ類の行動をライフワークにしている。日本野鳥の会会員（日本野鳥の会山形県支部長に就任し、1978～1995年の17年間歴任、現顧問）。著書『みちのくの野鳥』（山形放送）で第5回 真壁仁「野の文化賞」を受賞。主な著作に『野鳥』（永岡書店）『日本の鷲鷹』（写真集／平凡社）、『決定版日本の野鳥590』（フィールド図鑑／平凡社）、『鳥風歌』（写真集／みちのく映像社）、『空の王者 イヌワシ』（新日本出版社）があるほか、出版、放送媒体等に数多くの写真提供をおこなっている。

CD制作・松田道生
（公財）日本野鳥の会理事。声の図鑑の『日本野鳥大鑑鳴き声420』（小学館）や野鳥録音の入門書『野鳥を録る』（東洋館出版社）の執筆、文化放送の『朝の小鳥』の制作にあたり、野鳥録音の普及に努めている。

編　　集	安延尚文（アシビー）
編集協力	山田智子
デザイン	久保田祐子（クリエイティブ悠）
イラスト	小堀文彦（エデアグス）

野鳥大図鑑

著　者／真木広造
発行者／永岡純一
発行所／株式会社永岡書店
〒176-8518　東京都練馬区豊玉上1-7-14　TEL03-3992-5155（代表）　TEL03-3992-7191（編集）
印　刷／横山印刷
製　本／ヤマナカ製本
ISBN978-4-522-43086-6　C2076
落丁本・乱丁本はお取り替えいたします。⑪
本書の無断複写・複製・転載を禁じます。